国家出版基金项目
NATIONAL PUBLICATION FOUNDATION

2015年主题出版重点出版物

家風十章

JIAFENG SHI ZHANG

李存山◆主编

广西人民出版社

图书在版编目（CIP）数据

家风十章／李存山主编. —南宁：广西人民出版社，2016.4（2024.5重印）

ISBN 978-7-219-09721-2

Ⅰ.①家… Ⅱ.①李… Ⅲ.①家庭道德—中国 Ⅳ.①B823.1

中国版本图书馆CIP数据核字（2015）第308699号

家风十章
JIAFENG SHI ZHANG
主　编　李存山

责任编辑　吴小龙　许晓琰
责任校对　梁小琪　高　健
封面设计　广大迅风艺术

出版发行　广西人民出版社
社　　址　广西南宁市桂春路6号
邮　　编　530021
印　　刷　广西民族印刷包装集团有限公司
开　　本　787mm×1092mm　1/16
印　　张　14.75
字　　数　205千字
版　　次　2016年4月　第1版
印　　次　2024年5月　第13次印刷
书　　号　ISBN 978-7-219-09721-2
定　　价　39.80元

序

李存山

在世界文化史上，中国文化是唯一延续数千年而未尝中断、与时俱进、生生不息的文化。《诗经》云：“何其处也？必有与也。何其久也？必有以也。”中国文化之所以能在中国的大地上和中华民族的心灵中存在和发展，必定与中华民族的生存环境、生活方式和民族性格有着密切的联系；中华民族与中国文化之所以能够历经数千年而连续地发展，也必定有其内在的精神基础和发展动力。这个精神基础和发展动力，按照已故的哲学家和哲学史家张岱年先生所说，它集中表达在《周易·象传》的两句话中，即“天行健，君子以自强不息”“地势坤，君子以厚德载物”。张先生称此为“中华精神”。“中华精神”是中国文化最突出的特点和优长。如果要问这种精神是如何由中华民族的子子孙孙世代传承的，那么可以说，其传承的一个最重要的方式就是家风的教育和弘扬。

“家”在中国文化中占有极其重要的地位，这也是中华民族与中国文化最重要的一个特点。侯外庐先生在《中国思想通史》中论述“中国古代社会”的特点时就曾指出：在西方的“古典的古代”，其进入文明是“激成了城市与农村的对立”，“城市使氏族制趋于没落，代之而兴的是以地域为单位的国民”，其发展路径是“从家族到私产再到国家，国家代替了家族”；与此不同，中国古代社会进入文明是采取了“维新”的方式，“氏族遗制保存在文明社会里”，其特点是“由家族到国家，国家混合在家族里面”。这与中国古代社会一直是“以农立国”有关，中国的乡村就是“聚族而居”，而家族又分化为一个个家庭。我们从“氏族—家族—家庭”的系列演变中可以追寻到中国文化一直重视“家”的历史根源和社会基础。

《周易·序卦传》说：“有天地然后有万物，有万物然后有男女。有男女然后有夫妇，有夫妇然后有父子。有父子然后有君臣，有君臣然后有上下。有上下然后礼义有所错。夫妇之道，不可以不久也，故受之以‘恒’，恒者久也。”这段话从文本上说，是解释《周易》的上、下经，上经以“乾”“坤”两卦为首，下经以“咸”“恒”两卦为首；从内容上说，这也简明地概括了中国哲学的自然观和社会观。从自然观说，“有天地然后有万物”，而人类社会就是生活于天地万物的自然界之中；从社会观说，人类社会先有男女然后有夫妇，有夫妇然后有父子，有父子然后有君臣，有君臣然后有上下之序，有上下之序然后有礼义的社会伦理和道德规范。在人类社会的发展序列中，由夫妇子女组成的家庭居于社会的基础地位，用现在的话说，就是家庭乃社会的细胞。《周易》的“咸”卦，就是讲少男与少女的婚嫁结合（其卦象是“兑上艮下”，“兑”是少女，“艮”是少男），《彖传》说：“咸，感也。柔上而刚下，二气感应以相与，止而说，男下女，是以‘亨利贞，取女，吉’也。”有了男女婚嫁，于是有了家庭的“夫妇之道”，人类社会的世代传衍有赖于家庭来完成，故而“夫妇之道不可以不久也”，在“咸”卦之后“受之以‘恒’”，“恒”就是表示家庭的恒久不已、生生不息。

以上《序卦传》所说，实际上是人类社会的正常发生和发展，因而具有恒久、普遍的意义。家庭确实是人类社会的细胞，家庭不仅承载着人类肉体生命的传衍，而且是人类文明和各民族文化得以延续和发展的基础。由此来看，中国文化之重视家庭，有着充分的合理性，也是其突出的特点和优长所在。

《中庸》说："君子之道，造端乎夫妇；及其至也，察乎天地。"儒家的伦理道德本来就是基于人伦日用，而夫妇之道就是人伦之始。晋代的韩康伯在注解《序卦传》的"有天地然后有万物，有万物然后有男女"章时说，此"言'咸'卦之义也……人伦之道，莫大乎夫妇，故夫子（孔子）殷勤深述其义，以崇人伦之始"（李鼎祚《周易集解》卷七引）。唐代的孔颖达在解释《诗经》三百篇而以《关雎》为始时也说，此诗"美后妃之德者，以夫妇之性，人伦之重，故夫妇正则父子亲，父子亲则君臣敬"（《毛诗正义》卷一）。同样，宋代的朱熹在解释《诗经》以《关雎》为首篇时也注引匡衡说："妃匹之际，生民之始，万福之原。婚姻之礼正，然后品物遂而天命全。"（《诗经集传》卷一）重视"夫妇之道"在儒家学说中有着悠久的传统，其原因就在于"夫妇之道"是人伦之始，"夫妇正则父子亲，父子亲则君臣敬"，夫妇是优良家风的传承者，家庭是子女的第一所学校，这不仅意味着要"齐家"，而且关系到君臣之敬的"治国""平天下"。

儒家的伦理道德学说"及其至也，察乎天地"，实际上，儒家对"天地"的理解也是基于"夫妇之道"。《周易·系辞下》说："天地絪缊，万物化醇。男女构精，万物化生。"《说卦传》说："乾，天也，故称乎父；坤，地也，故称乎母。"人与万物都是天地所生，天地就是人与万物的父母。有了这样的世界观，也才有了儒家的"民，吾同胞；物，吾与也"（张载《西铭》）的道德境界。

《周易·系辞上》说："天地变化，圣人效之。"因为圣人效法天地的变化，所以才有了"天行健，君子以自强不息""地势坤，君子以厚德载物"。如果说"中华精神"与中国哲学对"天地变化"的理解密切相关，那么也可说中国哲学对"天地变化"的理解与中国文化对"夫妇之道"的重视密切相关。

在《论语·学而》篇，孔子的学生有若说："君子务本，本立而道生。孝弟也者，其为仁之本与！”孔子也说：“弟子，入则孝，出则弟，谨而信，泛爱众，而亲仁。”儒家以孝悌为仁之本始，即以家庭成员之间真挚的亲亲之情为仁爱的本源。父母之慈爱与子女之孝敬是一种交互共生的情感，每个人在出生之后都是养育于父母的怀抱之中，如《诗经·蓼莪》所说：“父兮生我，母兮鞠我。拊我畜我，长我育我，顾我复我，出入腹我。欲报之德，昊天罔极。”正是从父母的怀抱养育中人们最初体验到人与人之间那种温暖的、真挚的道德情感，儒家学说就是以此为仁爱的本始，进而扩充，乃至“老吾老，以及人之老；幼吾幼，以及人之幼”（《孟子·梁惠王上》），由“亲亲”而“仁民”，由“仁民”而“爱物”（《孟子·尽心上》）。能够“仁民”“爱物”，就是达到了“仁”之普遍的“博爱”（孔子说的“泛爱”就是“博爱”之义）。

儒家以孝悌为仁之本始，常被现代一些学者误解为局限在血缘情感的特殊性上。实际上，从道德发生论来说，家庭是人生的第一所学校，以家庭成员之间的亲亲之情为道德之本始，这也有其充分的合理性和普遍性。不但在古代中国是如此，在现代世界也是如此。20世纪90年代，在世界各大宗教代表人士共同发表的《全球伦理宣言》中就有言：“只有在个人关系和家庭关系中已经体验到的东西，才能够在国家之间及宗教之间的关系中得到实行。”

儒家的仁爱思想绝不是停留在血缘情感的特殊性上，而是“本立而道生”，这个“道”就是普遍爱人的仁道。孔子说：“吾道一以贯之。”曾子应之为：“夫子之道，忠恕而已矣。”（《论语·里仁》）这里的“忠恕”就是“己欲立而立人，己欲达而达人”“己所不欲，勿施于人”，这是“行仁之方”，亦即普遍实行仁道的一以贯之的方法。《大学》又称此方法为“絜矩之道”，即：“所恶于上，毋以使下；所恶于下，毋以事上。所恶于前，毋以先后；所恶于后，毋以从前。所恶于右，毋以交于左；所恶于左，毋以交于右。此之谓絜矩之道。”当一切人际关系都抽象为“人”

与“己”的关系或上下、前后、左右的关系，都按照“忠恕”的原则来实行，儒家的仁道就具有了道德的普遍意义。朱熹注解《大学》的“絜矩之道”，说其“所操者约，而所及者广，此平天下之要道也”。“所操者约”就是说其是最基本的道德原则，“所及者广”就是说其是最普遍的道德原则。

《全球伦理宣言》中还有言：“数千年以来，人类的许多宗教和伦理传统都具有并一直维系着这样一条原则：己所不欲，勿施于人！或者换用肯定的措辞，即：你希望人怎样对待你，你也要怎样待人！这应当在所有的生活领域中成为不可取消的和无条件的规则，不论是对家庭、社团、种族、国家和宗教，都是如此。”这也说明儒家的道德学说并不是局限于血缘情感的特殊性，而是基于血缘情感，通过“老吾老，以及人之老；幼吾幼，以及人之幼”，实行“忠恕”之道，扩充为道德的普遍性。

《大学》有“三纲领”“八条目”之说，即：“大学之道，在明明德，在亲民，在止于至善。……古之欲明明德于天下者，先治其国；欲治其国者，先齐其家；欲齐其家者，先修其身；欲修其身者，先正其心；欲正其心者，先诚其意；欲诚其意者，先致其知；致知在格物。”在这里，格物、致知、诚意、正心都是修身的次第和条目，而修身、齐家、治国、平天下则是儒家以个人修身为本而实现“家国天下”整体道德和谐的社会理想。如上所述，个人修身也是基于家庭成员之间的亲亲之情，进而扩充至普遍的道德，因而家庭对于个人修身实又处于基础的地位。个人修身首先是孝悌，由孝敬父母，尊敬兄长，进而娶妻生子，能够夫妻和睦，共同教养子女，并且处理好与其他亲人及邻里之间的关系，这就是齐家。其身不修则不可以齐其家，“其家不可教而能教人者无之”，也就根本谈不上治国、平天下。因此，《大学》说“身修而后家齐，家齐而后国治，国治而后天下平”。在这一“修、齐、治、平”的序列中，家庭既是个人修身的第一所学校，又是个人走向社会、能在社会中做出重要贡献的起点。家庭承载着如此重要的功能，所以中国文化历来重视家庭，重视家教，重视家风的传承和弘扬。

一种好的家风就是一个家庭的优秀传统，它通过长辈的言谈身教，见诸文字的家规、家训、家范等，由家庭成员的身体力行来世代传承。这是中国传统文化得以长期延续的精华所在，智慧所在。近代以来，中华民族处在“数千年未有之变局”中，中国传统文化也面临着现代化的各种挑战。我们应该看到，中华民族之所以能够衰而不亡，衰而复兴，也是因为我们继承和弘扬了“自强不息”“厚德载物”的民族精神。我们要实现中国特色的社会主义现代化，培育和践行社会主义核心价值观，仍须立足于中国传统文化“讲仁爱，重民本，守诚信，崇正义，尚和合，求大同”的优秀传统，同时也要与时俱进，综合创新，实现中国传统文化的创造性转化和创新性发展。这其中，优秀家风的传承和弘扬必不可少，而且其仍然处于个人修养、社会和谐、道德文化建设和治国理政的基础地位。

鉴于家风在中国古代和现代的重要意义，我们编写了《家风十章》。这其中既包括对中国文化重视“家”的特殊性的认识，家文化与家风的关系，传统家风的核心精神，家风与修身立命、睦亲齐家、社会建构、国家治理的关系等，也包括传统家风的现代挑战，传统家风的现代化，以及面向未来的传统家风等。这样编排，我们的意图是要充分认识传统家风在中国文化中的重要意义和现代价值，在家风的传承和弘扬上既要继承中国文化的“常道”，又要“通古今之变”，与当代社会相适应，与现代文明相协调，以实现中华民族的伟大复兴、中国文化的“旧邦新命”。可喜的是，这十章的执笔者都是当今学界很优秀的中青年学者，从他们对家风的论述，已可见中国文化根脉有续，传承有人，发扬光大而前途无限光明。至于书中的不妥之处，也希望读者不吝赐教指正。让我们为传承和弘扬优秀家风、为中华民族和中国文化的伟大复兴而共同努力！

目录

引言

家庭与社会

世界各国都有自己的代表性文化，美国有华尔街、好莱坞，英国有甲壳虫、绅士文化，法国有启蒙主义、葡萄酒庄园，日本有樱花、武士道精神……中国文化的标志是什么?

也许，它并非一般人所认为的那样，是大气磅礴的故宫、长城，精美绝伦的瓷器、丝绸，或驰名中外的中国功夫……它并非高不可攀，而存在于我们的人伦日用中，在我们的日常家庭生活当中。“家”是中国人磨灭不掉的印记，它承载着所有人对生活的最终愿景和归属。家文化将中国的政治、传统宗教、礼俗与文化生活融为一体，具备巨大的兼容性，可以说，家文化不仅是理解中国五千年历史文化的密码，也左右着中国未来的内在发展逻辑，是中国文化之根。

中国传统文化特别重视家庭，不仅因为家是人伦的根本，也因为家对于全社会具有重要意义。其中尤其以儒家特别重视家庭。因为在儒家看来，家是社会的基本构成单位，同时也是建设良好社会秩序和政治秩序的基础。这一点集中体现在《大学》的一段话中:“一家仁，一国兴仁；一家让，一国兴让；一人贪戾，一国作乱；其机如此。”《大学》的八条目“格物、致知、诚意、正心、修身、齐家、治国、平天下”，之所以认为由齐家可以过渡到治理国家，一方面，这是从当时周朝的封建宗法制度中统治者的角度来讲的，而这在当时也确实是可以实现的；而另一方面，进一步开掘其现代意义和普遍价值的话，那么我们就会发现，如果社会上每个家庭都能和睦而幸福，则这个社会、这个国家自然就是秩序良好的。所以，如果把国家看成一个个体的话，那家庭就是这个个体的细胞。不同家庭所处的阶层不同，就如不同细胞所处的位置不同一样。只有大部分甚至每个细胞都是正常的，人体才可能是正常的或舒适的，因此只有大部分家庭都是和睦的，整个国家与社会才可能是和谐的。所以，儒家将家庭作为治理国家的根本是有其普遍性及永恒意义的。其中关键的问题在于，如何使家庭和睦，又如何由此过渡到社会和国家治理层面。因为这两者在现代社会与古代有着巨大的差异。对此，传统文化是否可以给我们提供相关借鉴呢?

让我们回到前文所说的《大学》那段话来，这里所讲的一个理想家庭所需要的因素有两个：一是仁，二是让。“仁者爱人”，所以家庭中的仁就是家庭成员之间能互相爱护。很多人会说，我们难道不是都爱自己的父母、子女、兄弟姐妹和伴侣的吗?但这恐怕只是表面的感觉，实际情况可能并不如此。《大学》里认为家庭成员之间的爱要做到：子女对父母要孝，父母对子女要慈，兄弟之间要悌。孝是要时刻保持恭敬而不能有怨恨，且同时能规谏父母的错误，而生活在现代社会的我们，因为代际差异和代沟，很多时候不能尊重父母。慈是父母要对子女爱护并能进行正确的教育，不能过分娇惯，而现代社会父母对子女还是能爱，但却常常溺爱过度、不知分寸。悌是兄弟之间要互相扶持，不可争执龃龉，而当今社会有些兄弟却常常为了争夺遗产闹得家庭分崩离析。事实上，只要我们扪心自问，就会知道，我们尚不能很好地贯彻对家庭成员的仁爱。仁爱不足，又怎么谈得上对家庭其他成员的谦让呢?如今离婚率之所以居高不下，很多时候就在于双方都过于自我，完全不懂得谦让，一件小事就吵得天翻地覆，谁也不肯让步，到头来只能一拍两散。

所以古人的观察是非常到位的，家庭要想和睦，就在于仁与让。有了仁爱，家庭成员之间就能互相扶持；有了谦让，家庭成员之间就能相互理解。可见，儒家所讲的这两点，即使在现在也并不过时。虽然社会在飞速发展，家庭的功能和结构也在变化，但是其基本因素却没有改变，那就是家庭仍旧是由父母、子女等组成的，只不过现在的年轻一代，兄弟姐妹较少，甚至没有，同时父母与成年子女分家现象更多。因此，儒家所说的仁、让二者仍然对当代的家庭有效。

一个家庭的成员能做到仁爱与谦让的话，这个家庭就可能达到幸福；构成整体的细胞正常了，社会和国家这个整体的"人"就会健康。这里尤其重要的是统治者或当权者的家庭治理问题。我们不能否认，无论是古代还是现代，当权者阶层的影响力确实比较大，当权者阶层的好坏，直接关系到国家和社会的安定与否。因此，当权者们的示范意义不可小觑，其家庭成员若能做到仁和让，会给民众以良好的影响，尤其是当权者们能对子女不溺爱、不放纵，就会让民众感觉到更多的光明，带给社会更多的公平公正。否则，就是在制造不平等，就是在制造特权阶层，而最终的结果，就会使民众反感乃至仇恨。这里面当然需要制度的严格限制，但是与当权者阶层自身的清明以及能重视家庭教育和家风建设，也有很大的关系。

所以，在传统文化中，家国之间有不可分割的联系。进一步说，我们知道古代伦理中很重要的五伦是："父子有亲，君臣有义，夫妇有别，长幼有序，朋友有信。"（《孟子·滕文公上》）这五伦，是传统中国最重要的五种社会关系以及应该遵守的道德准则。这五者绵延数千年，对整个中国乃至东亚文明都产生了巨大而深远的影响。"父子有亲"说的是父母与子女之间要亲密。人出生后首先形成的人际关系就是自身与父母的关系，没有父母就没有自己，因此古人把父母与子女的关系称为天伦，列为五伦之首。因为父母与子女血脉相连，所以他们之间的关系比世界上任何关系都亲密与稳定。但孟子也观察到，因为人的自我膨胀和对利欲的疯狂追求，有时会做出不顾父母的事情来，所以一再强调，没有什么比父母与子女的亲情更加珍贵，生而为人一定要珍惜。所以父母要关心爱护子女，子女则要孝敬父母。“君臣有义”是指君主与臣下之间应该讲道义。这是古代的说法，现在也可以理解为领导者与被领导者之间应该有道义。在领导者与被领导者之间，义是行为的准则。如果领导者不义，那么他就丧失了领导的资格；如果被领导者不义，那么他就应该受到处罚。尽管时代改变了这一说法的名称，但在政治伦理和上下关系上要讲道义、崇正义的道理，却是不变的。“夫妇有别”指丈夫和妻子应该有所区别，丈夫要遵循作为丈夫的伦理规范，妻子要遵循作为妻子的伦理规范，因为丈夫和妻子的生理和心理不同，所以各自应遵循的伦理规范有一定差异。有人以此斥责古人是男女不平等。我们必须承认古代确实有男尊女卑的观点和现实，但同时我们也要看到，在生理和心理方面，男性比较强壮、坚强，女性则比较温顺、柔弱，这种天然的差别还是要接受的。因此适当的夫妻伦理是，男人就要发挥出他的阳刚之气，承担家庭中女性无法承担的任务，保护好较柔弱的女性；女人就要展现女性的温柔之态，承担家庭中男性难以从事的事情，呵护好男性的心灵：这才是各尽其道的真正的平等。那种所谓男人的事情女人能干，女人的事情男人也能干的绝对平等，是教条的、违反自然规律而不注重客观事实的。“长幼有序”是指兄弟之间的秩序关系，也可以扩展成长辈与晚辈之间应该有的秩序，就是说要重视社会上不同年龄层的秩序问题。有人据此说这是中国人讲究论资排辈陋习的来源，但这实在是批错方向了。儒家在这里其实强调的是年龄大的要爱护年龄小的，年龄小的要尊敬年龄大的，这样不同的人群之间就有秩序可循，就能融洽相处。这在本质上是为了杜绝弱肉强食、以强欺弱的粗暴生活而提出的，绝不是为了压制年轻人和抑制人的自由。“朋友有信”则指朋友之间应该有信义，这样才能建立平等而相互信任的关系，才能获得真正的友谊。这一点显然具有长久的价值，是建立社群的前提之一。通过五伦，我们发现，儒家把构成家庭和构成社会、国家的人际关系糅合在一起，认为它们都是人无所遁逃的基本伦理。的确，就如此前所讲，家庭和社会治理间有紧密的关系，五伦应当作为一个常道被我们认可与继承。

让我们再回到家庭。一般认为传统社会是一个极强的男权社会，并不重视夫妻关系，但其实古人特别重视夫妻伦理，认为它是“人伦之始”。有一句很多人都知道的话，可以很好地说明这个问题：“贫贱之知不可忘，糟糠之妻不下堂。”这句话出自《后汉书》中的《宋弘传》，说的是东汉初年，汉光武帝刘秀的姐姐湖阳公主守寡后，看上了当时的太中大夫宋弘，想嫁给他，于是就托弟弟刘秀去给自己做媒。刘秀将这件事跟宋弘一说，宋弘当即予以反对。因为在古代，皇亲国戚如果要下嫁臣子，那么臣子原来的配偶就要由妻子的地位下降为妾。宋弘对这种用妻子的被贬和被欺压换来自己的富贵的做法相当不齿，于是他就说出了这句话，回绝了光武帝的提亲，刘秀无法，只好放弃。为什么宋弘要坚持这一点呢？因为在古代伦理中，虽然男性确实占据主导地位，但是女性在家庭中也很重要，男性不能随便休妻，比如和自己同甘共苦的妻子是绝对不允许抛弃的，儒家很多文献都对此有规定，这一点即使放在现代也不过时。要知道，家庭的和睦对事业起着至关重要的作用。自古贫贱见真情，困顿中与你相濡以沫、相互厮守的人，才是值得一生偎依的人。所以，在今天重温古人的伦理规范并恪守这些规范，并不过时。

另外，家庭教育也是现代中国社会的一大问题，对此古人的智慧也值得我们借鉴。司马光曾指出：“为人母者，不患不慈，患于知爱而不知教也。非他人败之也，母败之也。”（《家范》）其实不只是母亲，父亲的溺爱也会导致孩子教育的失败。司马光在这里之所以特别重视母亲的作用，是因为母亲常常因她的亲和力，与孩子的关系更加紧密，孩子也更依赖于母亲，在对孩子的培养中，母亲具有很关键的作用。司马光在这里告诉全天下的母亲，对待孩子，在爱之外还要懂得教育，否则将适得其反。这和现在颇为流行的一个教育理念“收起自己的一只手”非常相似：不要什么都帮孩子做，也不要轻易地就给孩子的问题一个解释，适时出手才是正确之举。因此，抚养孩子一定要有合适的方式，要以能真正教育子女为根本。

一个家庭的和睦与兴旺并不是靠升官发财，而是靠持久的延续，曾国藩曾指出：“凡家道所以持久者，不恃一时之官爵，而恃长远之家规，不恃一二人之骤发，而恃大众之维持。”曾国藩认为，一个家庭的良好延续，并不在要出大富大贵之人，而在有一个能真正得到家庭成员共同遵守的家规；并不在出一两个能振兴门楣的人，而在家庭成员能够始终团结一致，共同维持家庭的和睦。曾国藩说的这番话，当然有其背景，就是当时仍旧是传统的大家族，几代人同居一个屋檐下，所以如何让这个大家族延续发展是很重要的。现在这种传统的大家族已经不见了，但是对于我们目前的小家庭来说，曾国藩的话仍然有借鉴意义。首先，一个家庭至少要有一些基本原则来给家庭成员共同遵守。如果一个家庭是独生子女的“421格局”的话，那么这多则五人，少则两人的家庭，也必须恪守一定的原则，这个家庭才可以长久。比如两口之家，至少要遵守忠于爱情、家务共担、甘苦与共的原则，否则两人世界就会崩裂。同样，有了孩子后的三口之家，也要遵守共同抚恤子女、相互亲爱、父慈子孝等原则，不然家庭矛盾就会发生。而如果三代合住的话，那么更必须遵守成员之间礼貌相待、理性做事、长辈要宽容、晚辈要谦逊等原则，否则婆媳难处、家庭难睦。可见，现代的家庭也要有基本原则，这种原则就相当于传统的家规、家风，这是家庭得以长久存在的基础。近些年来，中国的家庭不断出现问题，或是离婚率越来越高，或是孩子教育失败，或是家人为财产等纷争不已，究其原因就在于随着传统道德伦理的被打破，中国目前还没有构建起一套新的伦理体系。我们对家庭的规范应如何不甚明了，对自己应尽的家庭义务也不明白，结果导致对家庭失去了温情。所以，我们需要重温传统家庭训诫，了解家规家风的重要性，了解每个人对家庭的义务，这样我们才能重新回到家庭中去，体验家庭带给我们的那份宁静、安详和舒适。否则，我们将永远是没有家的流浪者。

而一个家应当是什么样，古人也曾有过思考，比如曾国藩就认为："凡一家之中，勤敬二字能守得几分，未有不兴；若全无一分，未有不败。"勤、敬就是家风中极其重要的两点。勤就是勤勉，各个家庭成员都要勤劳，对外要努力工作，振兴经济，提高家庭收入；对内要勤于家务，使家庭富于条理，干净而美好。敬就是敬爱，指各个家庭成员之间要相互敬爱，父子之间要相敬相爱，夫妻之间要相敬相爱，这样家庭才会和谐美满。曾国藩认为，如果能做到这两点，家庭就会兴盛，而如果做不到，家庭就会衰败。中国古代有"君子之泽，三世而斩"的说法。为什么会这样？就在于家庭开始发展的时候，成员们都相互敬爱团结，而且勤劳节俭，这样通过几代人的积累，就会达到富庶。富庶之家的后人，则在既有成果中，忘掉了勤勉，只知享受而不知付出，这样就成了败家子；而这些富二代、富三代们，因为家里的宠爱和社会的尊重，变得桀骜不驯，对人缺少真诚的敬爱之心，眼中只有自己的利益，忽视他人的幸福，最终连自己的父母都不再敬爱，成了不孝之子，结果只能败家。因此，一个家庭只有按照曾国藩所说的勤敬原则去做，才可能拥有持续的繁荣，否则"三世而斩"就会不断上演。

总之，家庭内部的建设需要良好的家风，这样一个家庭才可能和睦，而家庭的和睦才可以促进社会的和谐，当所有家庭都幸福美满之后，一个优良的社会秩序就可以期待了。当然，这里面也需要物质的基础和制度的保障，但是恰当的家庭规范和家庭教育可以使家庭得到很好的建设，而这就是家风。

第一章

独特的中国家文化

梁漱溟先生认为，中国文化的“要领所在”即为“中国人的家”，只要把这一点认识清楚了，就可以提纲挈领，对中国文化进行恰当的描述。毫无疑问，“家”在中国文化中可谓是一个基础性或核心性的范畴，我们每个人的出生、成长与生活都离不开家，社会的构成与建制亦以之为基本单位，从而形成了中国人以“家”为本位的独特的经济、政治、文化结合体。正所谓“家和万事兴”，只有当一个人拥有和谐、美满、幸福的家庭生活，他的生命才算完美，才有意义；只有大多数家庭都能和谐、美满、幸福，这个社会才是安泰的、美好的。

家庭是以婚姻、血缘或收养而产生的亲属间的关系为基础的一种生活组织，它是整个社会的组成细胞。这一定义具有普遍意义，因为任何人都无法摆脱夫妇、父子等家庭关系而存在。那么，我们在何种意义上说中国的“家文化”是独特的？或者说，为什么“家”对中国人而言特别重要，甚至可以被称作中国人的某种“信仰”？在梁漱溟先生看来，如果我们可以把社会生活划分为团体、家庭、个人三个领域，那么，“团体与个人，在西洋俨然两个实体，而家庭几若虚位。中国人却从中就家庭关系推广发挥，而以伦理组织社会，消融了个人与团体这两端”（《中国文化要义》），不同于西方社会的个人本位或社会本位思想，中国社会可谓是“家庭—伦理本位”的。从古至今，对于中国人而言，“家”都是一个情感摇篮，这是由“血浓于水”的血缘关系带来的天伦亲情。基于这种天伦亲情，古人“缘情而制礼”，“家”便构成了中国礼乐文化的滋生与发展的基础，由之而形成了“诗礼传家”的文化命脉。因此，中国传统中的“家”承担着不可或缺的经济功能与政治指向，在某种意义上构成了中国“伦理社会”的基质。最后，“家”还有着不可替代的“宗教”作用，体现着中国人敬天法祖、慎终追远的超越性追求。可以说，在中国文化中，“家”不仅是中国人日常生活之所，而且是中国人修身养性、安身立命之地。“家”的观念对于中国人来说，不仅是情感的，也是理性的；不仅是家人的生计所在，也事关家国天下和道德信仰。

一、血缘天性之涵育

“家”是以人的血缘关系为纽带而建立起来的基本社会单位。人一旦出生，便注定是某些人的儿女或兄弟姐妹，在这种天然的血缘关系之中，我们与自己的亲人血脉相连，从而构成了每个中国人都割舍不下、忘却不掉的至深至重的内在情感。费孝通先生说：“世界上最用不上意志，同时在生活上又是影响最大的决定，就是谁是你的父母。”（《乡土中国》）这种看似命定的、外在的血缘力量对我们的生活有着决定性的影响，如果说费先生的论述主要着眼于血缘与社会地位的关系，那么在本书之中，我们更愿意强调血缘对于我们每个人的情感的安顿作用，以及在协调家庭关系中所能起到的积极效果。在中华民族的民族精神与性格之中，如果说血缘的亲亲之情是每个中国人的第一天性，那么由亲亲之情而扩充的社会伦理性存在则可谓我们的第二天性。

1999年，一首名为《常回家看看》的歌曲在春节联欢晚会上播出之后，旋即风靡大江南北，成为人们竞相传唱的经典曲目，至今不衰。这首歌被广泛传唱的根本原因，在于其娓娓道来的歌词直击人心，传达出人们对于家庭亲情的依恋与向往。这种对亲人的思念和依恋之情，正是出于血缘纽带的隐秘牵系。《孝经》说“父子之道，天性也”，《庄子》也说，“子之爱亲，命也，不可解于心”（《庄子·人间世》），命定的血缘关系必然会产生浓郁的亲缘情感，这是内化于我们的血肉之中、心灵之内的，谁都无法逃避，谁都不能漠视。每逢年关，熙熙攘攘的“春运”就会在神州大地上轰轰烈烈上演。“春运”始于一张张小小的火车票，终于一个个家庭的离别团聚，而将火车票和家庭联系起来的，正是那种无法割舍的血缘关系所产生的天然情感。“春运”的本质是血缘与情感的流动，是血缘与情感在寻找归宿，是血缘与情感在寻找温暖。

中国人对血缘的重视无与伦比，甚至将之推广到了“家”之外，来界定着我们的族群。在日常生活中，我们对于祖籍的重视，对于寻根的渴望，都呈现出我们对自己的血脉渊源的关注与牵挂，甚至在陌生人之间的交往中，相同的姓氏也常常会成为彼此产生亲近感的直接缘由。

可见，无论是在家庭之内还是家庭之外，中国人惯以血缘来看待彼此的亲疏远近，来划分“自己人”和“外人”，从而构成了“亲亲”的家庭伦理以及社会活动的“情理化”。在中国文化中，“亲亲”就是人之所以为人的根本，中国文化的所有道德观念与精神创造，实际上都是以之为本始而衍生的，“情理”则是理解中国人的行为方式的关键词，如果不理解这种“风情”，就难以契入中国人的思维及行为方式。

在孔子对“仁”的界定之中，“爱人”是最经典的表达。然而，“爱人”之“爱”并不意味着道德就是本于理性地对所有人都“一视同仁”，而是随着人的远近亲疏关系的不同而自然地在情感上有厚薄之分及浓淡之别，也就是说，“爱”是有“差等”的。在儒家看来，“爱有差等”这一原则是区别于墨家之“兼爱而无亲”的关键，如果“爱”不讲“差等”，那就失去了道德之发生的自然次序。从根本上来说，“爱”的这种差等性正是由于血缘关系的远近亲疏而导致的。当然，儒家的“仁爱”并没有停留在血缘关系的特殊性上，而是如孟子所说由“亲亲”“敬长”而“达之天下”（《孟子·尽心上》），此“达之天下”就是要“泛爱众”（《论语·学而》），包括爱所有的人，并兼及爱物（孟子说“仁民而爱物”），这也就是“博爱之谓仁”。那么，为什么血缘关系的亲亲之情可以通达天下，成为“仁爱”的基础?

孟子说：“君子之于物也，爱之而弗仁；于民也，仁之而弗亲。亲亲而仁民，仁民而爱物。”（《孟子·尽心上》）此可谓更细致地辨析了“爱”的不同内涵。“爱”一定是从“亲亲”开始的，这是仁爱所发生的本始、根源。实际上，每个人在诞生之后都是从父母的怀抱抚育中最先体会到人与人之间的那种温暖的情感，这就是道德的发生之地。如果一个人不爱自己的亲人却提倡兼爱，在儒家看来，这样的“爱”一定是有问题的。“亲亲”是奠基于血缘纽带之上的天然情感，我们无法违背这种天然情感，只能从这种天然情感出发去扩充至普遍的博爱。因此，在道德的践行中，我们一定是先爱自己的亲人，然后才能“老吾老，以及人之老；幼吾幼，以及人之幼”（《孟子·梁惠王上》），进而由爱人达至泛爱自然万物，这才是正常的情感和伦理秩序，也是情感与理性交融而正常呈现出的社会道德与生态伦理。在儒家看来，道德之本在于个人的“修身”，由“修身”而“齐家”，由“齐家”而“治国”“平天下”。就此而论，“亲亲”或“齐家”构成了人的社会道德乃至国家治理的一个基础性环节。《尚书·虞夏书·尧典》这样描述尧的德行：“克明俊德，以亲九族；九族既睦，平章百姓；百姓昭明，协和万邦。”这里所展现的正是“修身、齐家、治国、平天下”的过程。这个过程虽然是传统的，但是在现代仍有其合理性，如20世纪90年代，由世界各大宗教的代表人士联合签署的《全球伦理宣言》所说："只有在个人关系和家庭关系中已经体验到的东西，才能够在国家之间及宗教之间的关系中得到实行。"我们常说中国传统社会是"伦理本位"的，或者说是一个"人情社会"，这正是源自血缘的关系被不断强化、扩展的结果。"人情社会"实际上是从"亲亲之情"的情感出发，以"亲亲之情"为基点而扩充建构起各种社会关系。因此，我们经常会看到各种社会关系被"血缘化"了，如传统的君民、师生关系常被比作父子关系，所谓"四海之内皆兄弟""视天下犹一家"也是社会关系被家庭伦理化的结果。与这种基于血缘、情感的人际关系相比，西方的人际关系主要是靠"上帝造人"的纽带以及外在的法律规范和契约来维系的。中国人重视血缘亲情的优点在于，一个人从来不是以"一个人"的身份孤零零地生活在这个世界上，而是以家庭、宗亲、村社为节点形成自己的人际系统和社会网络。

这种重视血缘人情的特点直接影响了我们的民族性格，如梁漱溟先生所说，是"伦理本位，互以对方为重"。在这种伦理关系中，群体先于个体，义务先于权利。如果说西方文化更多以个人、权利为本位，那么中国文化则更多以群体、义务为本位，这与中国人重视血缘情感的特征息息相关，由此便形成了孝悌忠信、礼义廉耻、仁爱、忠恕、诚敬等基本的道德范畴和伦理体系。下面，我们便以"礼乐文化"为中心，论述"亲亲"的内在情感诉求是如何被纳入礼乐体系之中而得到调节的。

二、礼乐文化之熏陶

郭店楚简《性自命出》说："道始于情。"在上文中，我们对由血缘而生的情感在家庭中的地位和影响进行了说明，认为家庭生活是以情感为基本原则而展开的。然而情感的展开并不是一个随心所欲的过程，需要各种调节和引导，需要通过特定的方式表达，才能合乎社会的需要和他人的认可。由此，我们触碰到了儒家以“情”为“始”而进行的礼乐文化建构，儒家是通过礼乐来安顿易于流荡失守、泛滥无归的情感的。

正所谓“发乎情，止乎礼”，情感的安顿需要礼来完成。钱穆先生便认为，礼“是整个中国人世界里一切习俗行为的准则，标志着中国的特殊性”（《湖上闲思录》），并视之为“中国的核心思想”。这种说法意味着，礼以及与之相伴而生的乐不仅能安顿情感，也在通过对人的行为的规定而塑造我们的日常生活。《论语·乡党》便记载了人与人应该如何相处，彼此应该如何称呼，如何说话，如何表达尊重，如何坐卧行走等具体而微的事项。可以说，礼乐的重要意义即在于它能将中国人的情感需要和情感表达寄寓日常生活之中，从而提升日常生活的品质，促进天然情感的抒发。如果说情感关联着心灵，行为指涉着身体，礼乐就是一种“身心修炼”。可见，儒家不但不以日常生活为身心修炼的负担，反而善于将人伦日常的每一个瞬间和场景作为实践身心修炼的机会，在人情世事的风云变幻中始终保有内心的祥和与自由。

毫无疑问，我们的日常生活主要是在各种“伦常”之中展开的，在君臣、父子、夫妇、兄弟、朋友五伦之中，父子、夫妇、兄弟三伦都属于家庭，君臣则是父子关系的放大，朋友也可视为兄弟关系的一种，由此而言，“家”就是中国人的“道场”，从出生到成年，从结婚到生子，从丧葬到祭祀，我们无时不在其中。钱穆先生说：“礼是一个家庭的准则，管理着生死婚嫁等一切家务和外事。”“家”中的一切都吁求着礼乐文化的熏陶与洗礼，如此我们方能情感恰如其分、身心得其所归。《周易·家人》之《彖辞》曰：“父父，子子，兄兄，弟弟，夫夫，妇妇。”清代学者孙奇逢云：“父父子子，兄兄弟弟，元气团结。”（《孝友堂家训》）所谓“父父”“子子”“兄兄”“弟弟”“夫夫”“妇妇”，是说父亲要像一个父亲，儿子要像一个儿子，兄长要像一个兄长，弟弟要像一个弟弟，丈夫要像一个丈夫，妻子要像一个妻子，前一个“父”“子”“兄”“弟”“夫”“妇”是现实的人，后一个“父”“子”“兄”“弟”“夫”“妇”是理想的人，现实的人要成就理想的人，就必须遵照父之礼、子之礼、兄之礼、弟之礼、夫之礼、妇之礼来行事，只有“父慈子孝、兄爱弟敬、夫唱妇随”，才能产生良好的家庭关系，如是，“礼”便可谓是元气团结、家道昌隆的必要条件。

下面，我们以“孝”为例，分别就“仪则”及“精神”两个方面对塑造了中国家文化的“礼”进行一些简单的说明。

家庭主要是通过父母对子女的生养而建立起来的，《大戴礼记》甚至将子女的身体视为“亲之遗体”，父母对子女有生与养之“大恩大德”，因此便内在地要求子女应该具备“孝”之德性，“一举足不敢忘父母，一出言不敢忘父母”，在举手投足之间都应该心存对父母的感激与关心。对于如何尽孝，古代典籍中有很多记载，《礼记》便对子女的言行有着非常具体而细致的规定，比如：

子女外出，应该“出必告，反必面”，即子女外出必须让父母知道，归来也要面见父母，免得让父母担心或牵挂；子女的仪态，应该“幼子常视毋诳。童子不衣裘、裳。立必正方，不顷听。长者与之提携，则两手奉长者之手”，对小孩子要常常示意他别说谎，小孩子不要穿皮衣、长裙，要正直地站着，长者拉着自己的手的时候要用双手捧着长者的手；子女侍奉父母，应该“鸡初鸣，咸盥漱，栉，縰，笄，總，拂髦，冠，緌缨……以适父母、舅姑之所。及所，下气怡声，问衣燠寒，疾痛苛痒，而敬抑搔之。出入，则或先或后，而敬扶持之”，意思是天刚亮就起床，打扫家里的卫生，然后洗漱干净、穿戴整齐，到父母的门前轻声问安，如果父母身体不适，就要安抚父母，父母行走时一定要在前后扶持。

如果说以上都属于具体的“礼仪”，那么，“敬”则可谓“孝”的根本精神。《礼记》的第一句话便是“毋不敬”，《论语》也说，如果一个人只知道满足父母的物质需求，就和豢养犬马没有什么区别——“不敬，何以别乎？”“敬”才是“孝”的关键。换言之，尽管儒家会强调各种礼仪制度对孝行的规范性作用，但更注意呈现这些仪则背后的精神和情感。“情理交融”才是“家”应该展现出的理想状态。《礼记·曲礼》说：“道德仁义，非礼不成；教训习俗，非礼不备。”礼乐文化既有助于内在的道德的养成，也有助于外在的习俗的塑造。对中国古代的家庭基本礼仪，有兴趣的读者可以参看司马光的《书仪》。这本书对烦琐的古礼进行了大刀阔斧的删减，也对古礼的精要部分进行了要言不烦的梳理，从而以冠、婚、丧、祭四礼为核心而树立起所谓“礼家之典型”。

从《论语》中我们可以看到，孔子教子的一个重要观念便是“不学礼，无以立”，《三字经》也说“养不教，父之过”。如果说子女对父母的敬爱之情是天然的，他们对礼义的学习则需要父母的敦促。父母是子女的第一任老师，父母的言传身教对于孩子的良好习惯的培养，以及家庭文化的养成具有很重要的意义。那么，父母应该如何教育子女？如何实现“爱教结合、严慈相济、言传身教”的家教原则？在中国古代典籍之中，《管子·弟子职》《礼记·曲礼》《礼记·内则》等可谓是古代家训的原初形态，南北朝颜之推的《颜氏家训》，可谓是家训的正式登场。所谓“家训”，按照彭林先生的说法，是民间自发形成，以仁义礼智为价值核心，以修身做人为基本关注，以温良恭俭让为基本美德，以自我教育为主要形式的系统化的家教形式。家训的产生，出自传统礼乐文化的大背景，也符合家庭、家族的具体实际需要，因此具有很强的实用性和实效性，可以在社会的基层奠定民众的道德基础，并有助于解决社会的文化认同问题。

在古代中国，从皇家到民间的各种大小宗族，为了对族人进行价值观和人生观的教育，会根据时代的需要以及宗族的实际状况，编写各种专门的书籍，以系统、完整地表达家族的价值理念，影响并规范族人的言语和行为。在朝廷，明太祖撰有《洪武宝训》，乾隆皇帝读后认为“词义周详、诰诫谆切”；康熙皇帝对皇子的教诲也被编为《庭训格言》，阐述应该如何做人、理政，从而成为清代皇室的家法。在民间，各种家训、宗约更是数不胜数，有的甚至超出了具体的宗族而具有广泛的社会影响，《颜氏家训》便是其中佼佼者。除此之外，宋人赵鼎《家训笔录》、陆游《放翁家训》、袁采《袁氏世范》，也有着较高的知名度和较大的影响力。

一般而言，这些家训或宗约涉及个人修身到社会规范的方方面面，比如睦亲、治家、勉学、立业、为官、处世等，可谓事无巨细、面面俱到。实际上，这些“宝训”“格言”“家训”等都是结合了一般性的礼乐规范与具体性的家族实际而写成的，当它们产生之后，本身也就变成了礼乐文化的一部分，超脱了具体的宗族而呈现出普遍性的价值和意义。这种礼乐文化内部的良性循环，本身就是中国传统礼乐在损益之中不断进化的鲜明体现，在塑造中国独特的“家文化”方面发挥了非常重要的作用。

三、独特的政治经济体

读过《愚公移山》这则寓言的读者对其中的一句话肯定不会感到陌生，那就是当愚公决定移山之后，就开始“聚族而谋曰”，召集家族中的人讨论移山的问题。“聚族而谋”在某种程度上说明，中国古代的家庭、家族是人们生活的基本单位，也是社会活动开展的基本场所。孟子说：“天下之本在国，国之本在家。”（《孟子·离娄上》）“家”作为“国”

之本，不仅体现在上文所述的情感意义和文化价值上，也有其重要的经济和政治功能。按照费孝通先生的观察，“在中国的乡土社会中，政治、经济、宗教等功能都可以利用家族来担负”。

在经济层面，冯友兰先生对中国古代的“生产家庭化”特征有着详细的描述，并与“生产社会化”形成了强烈的对照。18世纪60年代从英国肇端的第一次产业革命使得西方社会由“生产家庭化”阶段步入“生产社会化”阶段。但在古代中国，“生产家庭化”这种生产方式是贯彻始终的。冯友兰先生说：“有以家为本位的生产方法，即有以家为本位的生产制度。有以家为本位的生产制度，即有以家为本位的社会制度。在以家为本位的社会制度中，所有一切的社会组织，均以家为中心。所有一切人与人的关系，都须套在家的关系中。”“生产家庭化”可谓中国特色的社会制度的经济基础。在以家为本位的生产制度中，人们不仅在家庭内生活，也在家庭内工作。比如一个木匠铺子，前院是木匠做活的地方，后院或楼上就是他的住所，他的一家人在这里工作，在这里食宿，在这里生老病死，甚至在生产家庭化的社会里，一个人尚未出生，他一生的命运就已经形成了，当他成人的时候，他基本上是要继承他父亲的事业的：如果父亲开了个木匠铺，他大概仍是开木匠铺；如果父亲种了一块田，他大概还是种那一块田。可以说，在生产家庭化的社会里，人若无家可归，就如丧家之犬，就无法在社会上生存。正因为一个人的家就是一个人的一切，所以中国的一切道德伦理，才都是以“家”为出发点和集中点的。

在费孝通先生看来，因为中国乡土社会是一个“差序格局”而非西方的“团体格局”，所以人们就利用亲属的伦常关系去组合社群，经营各种事业。这样，为了经营这些事业，基本的家就扩大而成为家族，这样才能保证事业的稳定和延续。也就是说，除了家庭的小生产制度，“家族”也是人们的经济和政治活动的重要单位。在宋代以前，宗族中有经济实力的达官显贵会以个人的经济力量去资助族人，北宋范仲淹所开创的“范氏义庄”则开启了由宗族赡养族人的全新方式，一改前者的偶然性和不稳定性，建构出了一种稳定而有效的宗族经济模式。公元1050年，范氏义庄正式出现，其开办之初有范仲淹捐出的1000亩土地，称为“义田”。义田租给外姓人耕种，所收的佃租即成为族人生活资费的直接来源。后来，因为制度化的稳定运行模式，到清朝时，范氏义田的规模最高甚至达到了5300亩。在范氏义庄的这种家族公有的经济模式之中，每位族人不分贫富、贵贱，不论自身有无经济收入，都会享有同等数额的生活补贴。比如，每人每天有一升白米的口粮，每人每年有一匹绢的衣料，嫁女会有30贯的嫁妆，娶妻会有20贯的资助，住宅方面有义宅供族人居住，还可以向义庄借钱借贷。这样，范氏义庄的族人便能够享有基本的生活物资，可以不再为日常生活劳心发愁，而能从事其他的一些行业或职业。这种家族公有经济的形式有利于提高宗族在社会上的地位，增强宗族内部的团结。然而，因为其内在的一些矛盾限制，在解决了少数人的经济困难的同时，这种宗族经济不仅构成了驾驭或治理族人的一种手段，也会形成依赖或懒惰的副作用，从而不利于宗族的继续发展，也不利于社会的持续进步。

我们讲中国历史，往往把家和国联在一起，称为“家天下”，称为“家国政治”“家国同构”，讲周代是“君统和宗统的统一”。不无夸张地说，一部中国的历史，就是放大了的家族史。《大学》云：“所谓治国必先齐其家者，其家不可教而能教人者，无之。故君子不出家而成教于国：孝者，所以事君也；弟者，所以事长也；慈者，所以使众也。……其为父子兄弟足法，而后民法之也。”皇帝对待臣民，就如父母对待子女，“如保赤子”“不失其赤子之心”，这样才能在一种伦理的基础之上实现政治的稳定。汉章帝便曾下诏书说，人君就是百姓的父母，人君就像人的身体主干，子民如同四肢，四肢的痛痒也便是主干的痛痒，因此皇帝总是要担心子民的苦难，要对他们进行伦理道德的教育，拯救、扶助那些陷入困境之中的百姓，只有通过这种“爱民如子”的精神，才能获取民众的支持以及尽忠尽孝的行为。在父子之间，最重要的德性是孝，而在已经被家庭化或父子化的君臣、君民之间，最重要的德性也是“孝”化的“忠”。因此，“以孝治天下”便成了古代政治的一条金科玉律，无论是汉章帝的赈灾济弱，还是“举孝廉”的制度，实际上都是在鼓励人们施行忠孝。

在这种政治观念的影响下，中国的法律制度也是有着很强烈的家族色彩和伦理特征，没有公法、私法的区别，刑法、民法的概念亦无从产生。明太祖制定法律的时候，就有人建议说，如果刑法与五伦相关，就必须以情为重，法律条文可以通融一些，明太祖接受了这一建议，“屈法以申情”“准五服以制罪”，从而产生了宗亲法、亲情法，这是中国的宗法观念渗透在法律之中的著名例证。在《三松堂自序》中，冯友兰先生这样描述他的父亲冯台异在担任崇阳县令时的断案方式：“父亲审问官司，总是坐大堂公开审问，无论什么人，都可以到大堂前边站在两旁观审。……在一件案子结束的时候，父亲就用朱笔写个堂谕。堂谕就等于判决书，但是其中并不引用法律条文，只是按照情理就解决了。”可见，因为中国的传统官员并非专业的法官，对法律条文并不见得有多熟悉，因此判案的关键便在“情理”而非“法律”。按照“情理”出牌，是典型的处理“家事”的原则，“家文化”对政治法律的深刻影响，由此也可窥见一斑了。

因为对经济、社会、政治的掌控能力，宗族在某种程度上也可谓是中国传统社会的“基层政权”。据《宋史·陆九韶传》，如果陆家家族的子弟有过错，“家长会众子弟责而训之，不改，则挞之；终不改，度不可容，则言之官府，屏之远方焉”，家族对其成员甚至有“判决”的权力。苏轼曾这样称赞自己的家乡眉山：“重氏族，其民尊吏而畏法，其农夫合耦以相助。盖有三代、汉、唐之遗风，而他郡莫之及也。”“氏族”正是地方的代表和荣耀之所在，是地方发达、社会繁荣、政治稳定的直接标志，正因如此，政府便会主动考虑和处理宗族的政治功能，以发挥其在社会稳定方面的积极作用。比如，北魏一度实施宗主督护制，把基层政权与族长权力结合在一起，让“宗主”也就是族长担任州、郡、军府的僚属，也即该族所处之乡里的军事首领，代表政府治理县以下的基层组织。后来，北魏又在宗主督护制的基础上创造了“三长制”，所谓“三长”，即党长、里长、邻长，这些职务实际上也主要是由地方的族长担任，由此而言，政府实际上是把宗族纳入了政治治理的结构之中，族长也被纳入了政府官员的品级之中，使得宗族具有某种政权基层什伍组织的性质。

正所谓“党族闾里正长之职，皆当审择，各得一乡之选，以相监统。夫正长者，治民之基。基不倾者，上必安”，“宗族”构成了社会的基层、政治的基础，是中国传统政治结构中的根本。具体而言，宗族在中国传统社会治理中发挥着如下作用：其一，致力于纲常伦理教育，鼓励尽忠尽孝、尽职尽责，有利于国家的统一和社会问题的解决；其二，家法是对国法的辅助，家族的规约能够直接约束人们的思想和行为，从而减少了政府的行政成本；其三，宗族有利于政府监控社会上的游民等不稳定分子。

四、内在信仰的载体

梁漱溟先生认为，围绕着家庭而建立起来的伦理生活是中国人的精神寄托，甚至体现着生命的所有价值，象征着生活的所有意义，所以这种伦理生活能起到一种“宗教的替代品”的作用。

因为这种“家庭伦理”，所以中国人无不欲通过家庭成员的共同努力、协力合作而改善家庭的生活、提高家庭的地位，从而光大门庭、显扬父母乃至光宗耀祖。由此，中国人就特别相信“艰难困苦，玉汝于成”，一种神圣的义务感也会油然而生，从而对家庭生活之未来远景产生美好的想象，并以之为持之以恒的奋斗目标。于是，“中国之家庭伦理，所以成一宗教替代品者，亦即为它融合人我泯忘躯壳，虽不离现实而拓远一步，使人从较深较大处寻取人生意义”。家庭成员的共勉互爱、相濡以沫便成就了“家”这种俗世之中的淳朴而亲切的“天堂”，我们能从中获取无限的人生趣味。甚至，如孟子所说：“仁之实，事亲是也；义之实，从兄是也；智之实，知斯二者弗去是也；礼之实，节文斯二者是也；乐之实乐斯二者，乐则生矣；生则恶可已也，恶可已，则不知足之蹈之、手之舞之。”（《孟子·离娄上》）仁、义、礼、智这些价值都是以“事亲”和“从兄”两者为基础而展开的，换言之，正是通过事亲和从兄，一个人的内在心性才能得到涵养，人生境界才能达致完满。在这种意义上，“家庭伦理”的确是中国人的某种内在之信仰。

当然，“家”之所以能够成为中国人的精神寄托之所，主要在于由宗族而体现出的某种“祭祖祀天”或“慎终追远”的观念。中国人最重要的宗教行为便是这种为纪念逝去的先人而进行的祭祀仪式，这种仪式大都是重大节日时在家族的祠堂、祖坟或灵牌前隆重而严肃地举行。中国人的家中供有祖先的灵牌，宗庙中供奉着祖先的神主，祖坟里安放着祖先的灵柩，在灵牌前、宗庙中或祖坟前下跪祈祷，会让人在这种特定的情境之中产生一种与祖灵进行沟通的感觉与冥冥体验。经过这种仪式化的祷告仪式，祷告者不再是一个孤独的、个体的人，而是与先人有着直接的关联，并且会产生一种重大的使命感和责任意识。

在杨庆堃先生看来，祖先崇拜是一种生存策略，“用以对付家庭群体中由于近亲死亡而带来的情感崩溃和社群瓦解状况的发生”。虽然在表面上，祭祖祀天直接产生于中国人对血缘的重视，或者说对“血缘延续”这种生物学理由的追求，但若究其实质，就可以发现这实际上也寄托着中国人对永恒世界的追求以及对超越世界的敬畏。《礼记》云：“万物本乎天，人本乎祖。”中国人的超越意识和内在信仰集中体现为对祖宗的报本反始。《白虎通义》说：“宗者，何谓也？宗者，尊也。为先祖主者，宗人之所尊也。《礼》曰：‘宗人将有事，族人皆侍。’……族者，何谓也？族者，凑也，聚也。谓为恩爱相流凑也。上凑高祖，下至玄孙，一家有吉，百家聚之，合而为亲，生相亲爱，死相哀痛，有会聚之道，故谓之族。”如果说我们在上文中主要论述了“族”的会聚之道，接下来，我们将着眼于“宗”而发掘“宗族”的可尊可贵之处。

人类社会初期，人们就产生了自然崇拜、人造物崇拜、祖先崇拜，因为祖先崇拜同人类的生存以及自身再生产密切相关，有着某种魂灵不死、护佑子孙的功能，人们对祖先崇拜也就最虔诚、最悠久。这种由祖先崇拜而产生出的孝观念及其重要表现形式，就是祭祀。在祭祀时，要通过文字或语言表达心愿，或歌颂祖先功德；或报告事项，请求祖宗指示。我们看到，周代大宗法制被破坏之后，祭祖行孝的观念却顽强地传承了下来，南宋大儒朱熹即主张“大宗法立不得，亦当立小宗法”，认为无论是官方还是民间，都应该祭祀始祖，以表达对祖先的钦慕和孝敬。这样，在观念上便破除了大宗法制对民间祭祖的限制。因为这种观念契合人民的精神诉求与情感意志，民间祠堂也便如雨后春笋般开始出现了。尤其是在明代中叶以后，祠堂已经遍布乡野，承载着中国人的内在信仰，成为慎终追远、民德归厚的载体。祠堂，由于是祭祖的神圣处所，就必然会有相应的规范和要求。一般而言，宗族要尽自身的财力，用上好的木料、石料，建造雄伟宏阔的建筑群。而这种巍峨的建筑形态，自然会体现出某种肃穆庄严的特征，从而体现出中国人的信仰的虔诚及恭敬。比如，北京的天坛、地坛、太庙、社稷坛等，无不规模宏阔，富丽堂皇，这些都曾是皇族的祭祖祀天之地。

许烺光先生在《宗族 · 种姓 · 俱乐部》一书中认为，如果说俱乐部代表美国，种姓代表印度，代表中国文化的一定是宗族。早期海外华人很少接受天主教，而是把中国的祠堂、会馆等移植过去，以这种强烈的祖宗信仰对抗天主教的同化。而与之形成鲜明对比的是，佛教传入中国之后，通过将祖先崇拜与因果报应结合起来，接受了祖先崇拜的精神，也因之而迅速在中国产生了广泛的影响，比如佛教中农历七月十五的盂兰盆会，便成为中国民众祭祀祖先的重大节日。

当然，中国人的“实用理性”使得祖先崇拜的动机并不纯粹，而夹杂着各种功利性的诉求。中国人普遍认为，去世的祖先实际上并未离自己远去，而在家庭活动中仍然占有“一席之地”，他们继续“照看”着家庭成员的一举一动，并且以看不见的方式保佑家庭的幸福和兴旺。中国民众对祖先的献祭，也是在祈求他们保佑家族兴旺、财源广进、五谷丰登、儿孙满堂。也就是说，人们认为祖先会一直关注他的子孙后代，并对子孙后代的幸福负有义不容辞的重大责任。事实上，后人所获得的幸福和成功都可以被看作是祖先功业的延续，是祖先荫庇的结果。在这种意义上，通过祖先崇拜，死去的先辈作为一种精神源泉或动力而始终激励着在世上活着的后人。

正如论者所说，中国民众在血浓于水的亲情中，将孝悌等伦理道德规范与外化的对祖先的祭祀活动融为一体，使人们的人性意识、血缘感情、宗教心理有机地结合在一起，无须任何玄奥的信仰体系，便得到了理性的与神秘性的双重满足。但在当今中国，因为已经不再依托着宗族生活，而有着更多的职业选择和活动范围，年轻一代的宗族观念明显趋于淡薄，甚至出现了中断的趋势。然而，尽管在现代化过程中家庭或家族的经济与政治功能发生了极大的改变或削弱，其宗教性功能却依然有着一定的影响力。

第二章

家文化与家风

我国传统伦理观向来以孝为本。孔子说“夫孝，德之本也”，孝不但要“谨身节用，以养父母”，且要“立身行道，以显父母”。《礼记·祭义》说：“居处不庄，非孝也。事君不忠，非孝也。莅官不敬，非孝也。朋友不信，非孝也。战阵无勇，非孝也。”修身、入官、治国、交际、出战，一切善的行为均由孝出发，其目的从消极方面来说，不欲“灾及于亲”，从积极方面来说，则要“扬名于后世，以显父母”。“孝”起于家，推展于国，是我国传统文化的基础和核心，千百年来一直作为伦理道德之本、行为规范之首，备受推崇，在中国历史上发挥了举足轻重的作用。黑格尔曾说过：“中国纯粹建筑在这一种道德的结合上，国家的特性便是客观的家庭孝敬。”（《历史哲学》）

既以孝为德行之本，则由爱敬父母可推至应爱敬父母的父母，甚至可达到远代的祖宗。另外，既然爱敬父母，则对于同根所生的兄弟也应友爱，推而广之，凡是同一祖宗生下的昆仲，亦宜予以爱护。在这种道德观念之下，国家似是一个大家庭，或者说是“家的大家庭”，即由许多家构成的大集体。孝是仁德的基础，在家里行孝就是仁德培养的开始，是达仁的有效途径。孝是具体而微的道德情感要求，是每个人必须履行的；仁则是对世间一切人和事普遍关照的伦理道德归宿，是由个人道德修养提升而来的，因此孝是一切仁德的根本。个人的小家庭是最小的社会单位，是培植与操演仁爱之心的最初场所，也是体现全部社会价值的基点。

对中国人来说，家庭是神圣的。中国人无论走到哪里都忘不了自己的家庭。从前，中国人往往聚族而居，有的家庭甚至四世同堂——四代人住在一起。一个大家庭就是一个小社会，这个小社会等级分明，辈分最高者地位最高。可想而知，几十口人甚至上百口人生活在一起，没有纪律约束是不行的。人们常说“国有国法，家有家规”。在这种情况下，一个大家庭具备家戒、家规及家训等是毫不稀奇的。家戒、家规及家训等构成了中国独特的家文化的一部分，也以条文的形式体现了“家风”的传承。由于中国人特别重视家庭伦理，家风的传承与传递也开始变得十分重要。

一、家文化之起源与建立

家文化产生的基础是家庭的出现。

关于家庭，前文提到，它是以婚姻和血缘关系（包括血缘关系补充形式的收养关系）为纽带的、具有一定社会功能的生活共同体。中国传统认为“有夫有妇然后有家”，在没有婚姻关系时，“聚生群处，知母不知父，无亲戚兄弟夫妻男女之别，无上下长幼之道”（《吕氏春秋·恃君览》），这样是无从组织家庭的。也就是说，家庭是建立在婚姻关系基础之上的，而基于这一关系发展的思想、文化、心理、情感、人伦关系等也是组成家庭的重要因素。

按照家庭发展的规律，人类的家庭是随着社会的发展，逐渐从低级形式发展到高级形式的。无论是东方还是西方，人类家庭的发展都经历了大致相同的发展阶段。恩格斯在《家庭、私有制和国家的起源》一书中概括了现代婚姻制度产生以前“大体上与人类发展的三个主要阶段相适应”的三种婚姻形式：“群婚制是与蒙昧时代相适应的，对偶婚制是与野蛮时代相适应的，以通奸和卖淫为补充的一夫一妻制是与文明时代相适应的。”这一理论概括不仅适用于西方社会，也合乎中国的实际情形。

从源远流长的汉字，我们也可以一窥中国传统文化中“家”的一个特色。“家”字“宀”下一“豕”：“宀”，山洞之象形，可以认知为洞穴和房屋；“豕”，指猪。远古时期，人没有定居之时，过着游猎生活，而在游猎的过程中，抓到了野猪，就把捉来的猪绑在山洞里，与人同居一洞。这样一来，人也因驯化猪而定居下来，不再游猎，所以“家”取音为枷，即枷锁，人在给猪戴上有形的枷锁的同时，也给自己戴上了无形的枷锁，使自己再也没有游猎时的自由了。另外，“家”音佳，即定居下来比游猎好；“家”音甲，即从此以后，安家成了首要任务。不管这些观点是否可靠，不可否认的是，中国人对于家的认知是深刻而全面的，同时对于家也是非常重视的。

当然，和其他民族一样，我国的先民们也曾经历过一个漫长的“只知有母而不知有父”的原始群婚制时代。中国上古传说的那些人物，如伏羲、神农、黄帝等，无论历史学家们如何考证，都无法查出他们的亲生父亲，于是便流行着“圣人皆无父，感天而生”的神奇传说。而在经过了排斥血亲婚配的对偶婚制家庭的阶段以后，“只知有母不知有父”的母系氏族社会由父系氏族社会所代替。父权家长制对母权制的最后胜利，是文明时代开始的标志之一。按照恩格斯的说法：“母权制的被推翻，乃是女性的具有世界历史意义的失败。丈夫在家庭中掌握了权柄，而妻子则被贬低，被奴役，变成丈夫淫欲的奴隶，变成生孩子的简单工具了。”在中国，“妻”这个字的古体是画着一个女人跪着的样子，形象地表现出妻相对于夫来说所处的卑贱地位。

随着社会进入以男性为中心的父权家长制社会，家庭伦理道德也因之发生了很大的改变，开始出现“男主外，女主内”的性别角色定位。女性亦被冠上了生育男性后代以继承私有财产的道德义务，而“男恕风流，女戒淫邪”也逐渐成为中国传统社会通行的道德准则。

应该说，中国家庭的形式、结构与互动模式，都远比西方社会更为复杂。众所周知，家庭或家族血缘关系乃是传统中国的一切社会关系的基础，对“家”的研究和了解，是揭示中国传统社会结构之奥秘的一把钥匙。传统中国的政治伦理乃是家庭伦理的延伸，而传统社会中国人的国民性和民族精神亦是家庭伦理精神的放大和扩展。中国的家庭是极富伸缩性的，这种伸缩性就是一种包容性。

在中国的家文化里，父系嗣系、孝道、祖先崇拜三者互相加强，形成了中国家庭的特色。中国家庭是绵延不绝的，因此，家庭就是家族。又因家族意识的广泛使用与推演，像拟亲的建立（如认干爹、干妈等）、强调亲属关系等，形成了所谓的泛家族主义。这些都与中国人着重父系嗣系密切相关。对此，谢继昌先生在《中国家庭的文化与功能》中说：“父系嗣系像一根绳子，具有一贯性，开始于很久以前，延伸无穷。其粗细因时间而不同，视家庭（如同绳股）之存在和男性成员（如同纤维）之多寡而定，只要有一根纤维尚在，整根绳子就还存在。一个人的出现，就代表着他所有的祖先与所有未出生的子孙。因此，我们可以说他之存在是由于他的祖先；另方面，他子孙的存在是经由他。这根比拟的绳子由无穷远伸到无穷远，中间经过一个刀口，那就是‘现在’。”

由家庭到国家，可以看作是父权家长制的扩大和延伸。中国历来就有父为家君、君为国父的说法。夏代“家天下”，统治者是以全族的“父”的姿态出现的。商代有“大宗”（直系）和“小宗”（旁系）之分，从武丁以后确立了嫡长子继承制，说明商代亦是通过血缘宗法关系来进行统治的。《尚书 · 洪范》曰：“天子作民父母，以为天下王。”统治者也是以民之父母的姿态出现的。周天子按照父权家长制的班辈来分田制禄、设官分职，天子、诸侯、卿大夫、士等阶层，既是政治上的君臣隶属关系，又是血缘上大宗和小宗的关系。

王国维先生在《殷周制度论》中指出：“中国政治与文化之变革，莫剧于殷、周之际。……殷、周间之大变革，自其表言之，不过一姓一家之兴亡与都邑之移转；自其里言之，则旧制度废而新制度兴，旧文化废而新文化兴；又自其表言之，则古圣人之所以取天下及所以守之者，若无以异于后世之帝王；而自其里言之，则其制度文物与其立制之本意，乃出于万世治安之大计，其心术与规摹迥非后世帝王所能梦见也。”“欲观周之所以定天下，必自其制度始矣。周人制度之大异于商者一曰立子立嫡之制。由是而生宗法及丧服之制，并由是而有封建子弟之制，君天子臣诸侯之制。二曰庙数之制。三曰同姓不婚之制。此数者皆周之所以纲纪天下，其旨则在纳上下于道德，而合天子诸侯卿大夫士庶民以成一道德之团体。周公制作之本意，实在于此。”

在王国维看来，殷周之际，中国政治与文化发生了有深远影响力的变革，在这场变革当中，一种新的文化形式得以产生。周代相比于商代，在三点上变化很大，而这三点均和家文化有着直接关系。

首先，嫡长子制度影响了宗法社会的结构，大宗、小宗由此产生，所谓的“宗族”概念也奠定在此基础上。更为关键的是，在此基础上产生的丧服制度，更是体现了中国家文化亲属制度的基本形态。其次，“庙数之制”确立了家族共同的祖先，构成了祖先崇拜的物质基础。庙在物质性上确定了家族的源头——始祖庙中的祖先，庙堂建筑更是家族祭祀的共同场所，在这一场所中，家族的相关活动得以展开。再次，“同姓不婚”则与联姻对象密切相关，也就是血缘的外缘，以此为原则决定哪些家族能够成为本家族的通婚对象。

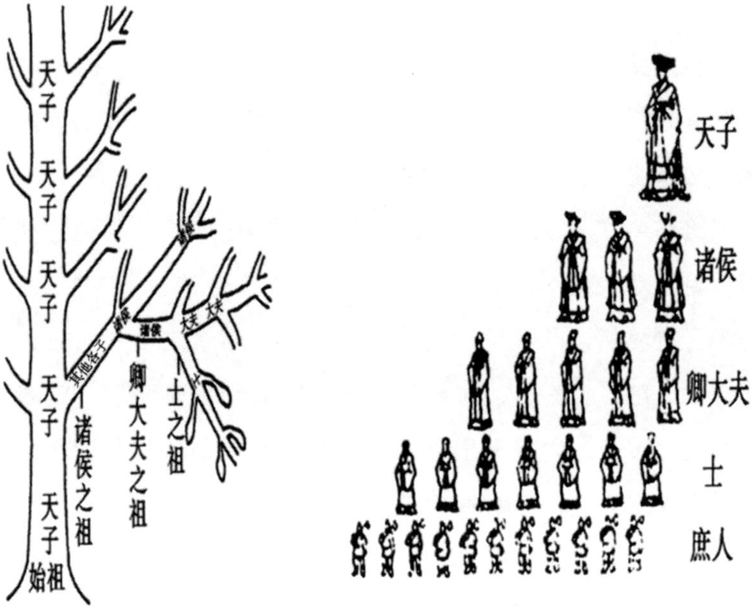

周代宗法制度图

在伦理原则上，宗法制奠定了“亲亲”“尊尊”两个基本原则，中国的家庭不仅仅是血缘共同体，也成为道德共同体。《礼记·大传》中说：“是故人道亲亲也，亲亲故尊祖，尊祖故敬宗，敬宗故收族。”由“亲亲”而尊敬祖先，由共同的祖先，确立了大的家族，而大家族的维系主要靠“尊祖”“敬宗”，《论语》讲“慎终追远，民德归厚矣”，也是强调家文化的这一特征。

秦汉之后，宗法制被破坏，但是宗法制所奠定的家文化的基本原则却没有被破坏。大的宗法制虽然不在了，但是宗族的基本结构还在。宋代之后，士大夫开展宗族重建运动，宗族向庶民化发展，传统的“庙”变成了新的“祠堂”，自先秦以降的家文化背后的基本原则依然延续，家庭伦理关系在新的载体中得以维系，延续至今。

二、传统家庭结构与家风

中国的家文化，充分表现在对家庭的理想上，这个理想就是五世同堂的大家庭生活，乃至绵延不绝的家庭发展。由于家庭在中国传统社会所发挥的作用以及中国传统的家庭理想、家庭观念，加之时间与地理气候条件的影响，传统中国家庭的结构是非常复杂的，这在中国四大古典名著之一《红楼梦》中可见一斑。而在这种复杂的家庭结构中，良好的家风发挥了非常重要的作用，复杂的家庭关系需要家风进行协调与平衡。

在中国传统家庭结构中，最为基础的是“三亲”，即父子、夫妇、兄弟。所谓父子，只是个泛称，包括父母和子女的关系，也包括翁姑与儿媳的关系。此外，更可以推展到长辈与晚辈的关系。由“三亲”可推衍到“九族”。所谓“九族”，《白虎通义》的解释是：“族者，凑也，聚也，谓恩爱相流凑也。”是哪些人凑在一起呢？笼统地讲，是有“恩爱”的人，即亲人。这些人承担着共同的情感，相亲相爱，互相扶持。根据亲疏，由父到母再到妻子逐渐推展，父亲那里有四族，母亲那里有三族，妻子那边有两族。朱子关于这九族有一个通俗的解释：“父族，谓本族，姑之夫，姊妹之夫，女子之夫家；母族，谓母之本族，母族与姨母之家；妻族，则妻之本族，与其母族是也。”王应麟也说：“九族者，外祖父、外祖母、从母子、妻父、妻母、姑之子、姊妹之子、女之子、己之同族也。”

关于这几族人与自己是什么关系，我们可画一个示意图：

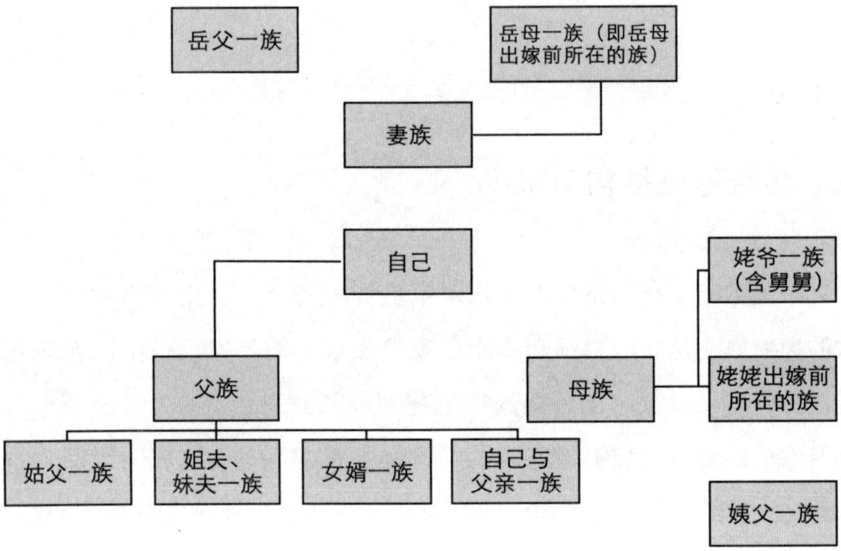

九族示意图

为何要有这九族呢？关键在于有“交接之恩”。这九族之人通过血缘相连，进而可能相互交往。我们可以说，《白虎通义》这九族的范围是相当大的，基本上涵盖了中国人所有最直接的亲属范围。事实上，关于九族还有不同的说法，其中一种说法是，以自己为本位，上推至四世之高祖，下推至四世之玄孙为九族。但不难看到，《白虎通义》所讲的每一族，其实也都包含这九代。

由于有九族之观念，中国人的亲属称谓很繁多，尤其是跟西方对比，我们的亲属称谓远远复杂于西方。下表可以反映出中国人亲属称谓的多样、复杂：

中国的亲族称谓与对应的英文称谓

中国人的亲族称谓	对应的英文称谓
祖父（爷爷、太公）、祖母（奶奶、太母） 外祖父（姥爷）、外祖母（姥姥）	grandfather/grandmother
公公、婆婆 岳父（泰山）、岳母	father-in-law/mother-in-law

续表

中国人的亲族称谓	对应的英文称谓
伯伯、叔叔 舅舅、姑父、姨父	uncle
伯母、婶子 舅母、表舅妈 姑、姨	aunt
堂兄弟、表兄弟 堂嫂、表嫂、表姐(妹)夫 堂姐妹、表姐妹	cousin
侄、甥	nephew
嫂子、弟妹、姐夫、妹夫	sister-in-law、brother-in-law

在古代文化中，最能体现家庭结构的礼仪制度，当属丧服制度，而且无论时代如何发生变化，即使到今天，体现在丧服制度当中的亲属关系，依旧是中国人最为基础的亲属关系。在评论《白虎通义》所讲的“九族”时，程瑶田指出“此释九族，与《丧服》通一无二”，直接点出丧服制度与九族的关系。传统丧服称之为“五服”，“五服”就是五种服装。“五服”分为斩衰、齐衰、大功、小功、缌麻。我们今天民间在谈论亲属时还经常说，是否出了五服，是五服以内还是五服以外，在不同的辈分、不同的亲疏关系之间，往往用不同的丧服来做区分。五服以内都是广义的家庭成员。

下页的“九族五服图”，展示的即是不同亲属与所服丧服的关系。

丧服的基本原则是“亲亲、尊尊”，这与我们谈到的家文化的基本原则是一致的。费孝通先生用“差序格局”来描述中国人基本的人际关系，差序格局的“水波纹”形式是一种按照血缘而构成的亲疏远近的关系结构，这种“同心圆”结构基本上与丧服五服一致。甚至可以说，差序格局就是对丧服制度的一种社会科学诠释；丧服制度，也很像对差序格局的一种图解。从社会学上来讲，这种差序格局是中国式的家族制度、礼治秩序的基础。

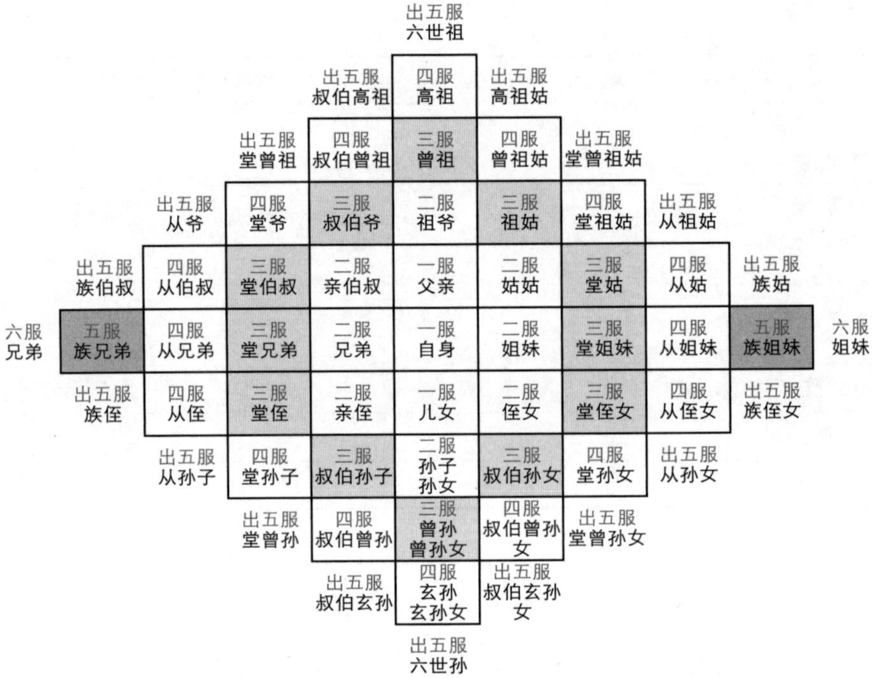

九族五服图

然而，仅仅提到“差序”并不能完全说明中国式家族制度的独特性，以及背后的原则性内容。关键是我们要看到这种差序、五服制度背后所具有的中国家族结构背后的基本原则，也就是“亲亲”和“尊尊”，以及由此延伸出来的“家国同构”的关系。看不到中国人家庭结构背后的伦理原则，是无法理解中国人日常生活的基本原则的，也理解不了为什么古代家风、家训要如此细致地规定与各种亲属之间的关系。

古代朝廷常下诏旌表数代同居的门闾，我们看《旧唐书·孝友传》和《宋史·孝义传》就可知道。然而家庭是生活性的，在现实生活中，有成员相处的问题，也有外在的社会、经济压力，这些都需家庭成员适应，这就是家庭功能的表现。家庭结构复杂，数代同居未必快乐，传代既久，血缘关系已经稀薄，而人口众多，难免发生摩擦，引起口角。唐朝张公艺九世同居，唐高宗“亲幸其宅，问其义由。其人请纸笔，但书百余‘忍’

字，高宗为之流涕”（《旧唐书》卷一百八十八）。由此可知，数代同居，只有互相忍耐才可相安，有时忍耐不得，就不免兄弟阋墙了。另外，强自忍耐只能做得表面文章，心中嫌隙如不能消去，长久下去终究要生猜忌。《红楼梦》偌大一个家族，众人互相寻衅猜忌的可还少？就像贾母身边的大丫头鸳鸯所感叹的：

“总而言之，为人是难作的：若太老实了没有个机变，公婆又嫌太老实了，家里人也不怕；若有些机变，未免又治一经损一经。如今咱们家里更好，新出来的这些底下奴字号的奶奶们，一个个心满意足，都不知要怎么样才好，少有不得意，不是背地里咬舌根，就是挑三窝四的。我怕老太太生气，一点儿也不肯说。不然我告诉出来，大家别过太平日子。这不是我当着三姑娘说，老太太偏疼宝玉，有人背地里怨言还罢了，算是偏心。如今老太太偏疼你，我听着也是不好。这可笑不可笑？”探春笑道：“糊涂人多，那里较量得许多。我说倒不如小人家人少，虽然寒素些，倒是欢天喜地，大家快乐。我们这样人家人多，外头看着我们不知千金万金小姐，何等快乐，殊不知我们这里说不出来的烦难，更利害。”

鸳鸯不过是说得宠与不得宠的人互相妒忌而已，其实，荣府和宁府到了玉字辈，传代已有四世，各房之间，有的富，有的贫，贫富不同，贫者妒富，富者欺贫，势所难免。当贾母于元宵夜开宴之时，曾差人去请族中男女，“奈他们或有年迈懒于热闹的；或有家内没有人不便来的；或有疾病淹缠，欲来竟不能来的；或有一等妒富愧贫不来的；甚至于有一等憎畏凤姐之为人而赌气不来的；或有羞手羞脚，不惯见人，不敢来的：因此族众虽多，女客来者只不过贾菌之母娄氏带了贾菌来，男子只有贾芹、贾芸、贾菖、贾菱四个……”。其贫穷的，连奴才都看不起他们的亲戚。例如金荣与秦钟大闹书房，宝玉问李贵，这金荣是哪一房的亲戚，茗烟道："他是东胡同子里璜大奶奶的侄儿。那是什么硬正仗腰子的，也来唬我们。璜大奶奶是他姑娘。你那姑妈只会打旋磨子，给我们琏二奶奶跪着借当头。我眼里就看不起他那样的主子奶奶！"这还不过是小孩子吵架而已。你再看赵姨娘，她对马道婆说："他（宝玉）还是小孩子家，长的得人意儿，大人偏疼他些也还罢了。我只不伏这个主儿。"一面说，一面伸了两个指头。马道婆会意，便问道："不是我说句造孽的话，你们没本事！——也难怪别人。明里不敢怎样，暗里也算计了，还等到这如今！"赵姨娘听这话，连忙开了箱子，将衣服首饰拿了些出来，并体己散碎银子，又写了五十两一张欠约，递与马道婆。马道婆在家中作法，宝玉与凤姐果然疯起来了。

《红楼梦》中人物关系复杂，主子与主子间、奴才与奴才间，甚至主子与奴才间，勾心斗角皆是不断，对此，红学家王昆仑在《红楼梦人物论》中说："当时荣宁二府并未分家，但两个——实际上是三个支系已经存在着对立形势，错综着多少分歧。贾赦贾政两兄弟作风背驰，谁都不能统一全家；邢夫人王夫人两妯娌心里不睦，谁都不善于处理家务。贾珍贾琏各人谋各人的财富，逞各人的淫欲。尤氏凤姐各有鬼胎，互相排挤。贾政和宝玉父子敌对，惜春和尤氏姑嫂不和，迎春和父母没有感情，探春不满意于凤姐所执行的家政。主子与主子之间的种种矛盾之外，还有说不完的主子与奴才，奴才与奴才之间的矛盾。"而贾府之所以能维系表面欢洽者一赖上有贾母，"贾母是贾府全家至尊无上的一座偶像。人们觉得，像这样一个庞大复杂的宗法体系，矛盾丛生，如果没有一位戴着神圣不可侵犯的王冠的权威象征，似乎这个家庭就有忽然瓦解的危险"。二来也是因为四世同堂，自有一番大家子的规范，即家教与家风在。看林黛玉刚进贾府时陪老太太吃的第一顿饭，原著不厌其烦详细写来。如何安排座次，贾府的媳妇们——王夫人、李纨、王熙凤——如何侍奉贾母，众婆子丫鬟如何井然有序，鸦雀之声不闻，众人如何安静进食，上上下下，规矩井然。不难看出，家教与家风在维系大家族日常秩序上是如何之重要。

通过《红楼梦》，我们可以一窥古代家庭结构之复杂，而即使在这没落的传统大家庭中，也仍能看到传统家风发挥作用的痕迹。我们说中国人重视家风、家训，其中一项重要内容就是重视处理好与这些亲属的关系。古代家风、家训有着十分细致的规定，涉及立身、治家、处世等方方面面，或孝顺父母、尊敬长辈，或崇尚仁义、诚实守信，或尊师重教、重礼谦逊，或和睦宗族、团结乡邻，或勤奋读书、勤俭节约，或自强不息、艰苦创业……这些家风、家训，对于维持家族成员关系，传承家族文化，发挥着极为重要的作用。依靠着这些，古代有很多家族往往绵延几十代，传承至今。

三、家文化的传承与家风

据说，美国康涅狄格州有个叫嘉纳塞·爱德华的人，由于他所树立的讲道德、重修养的家风，使得他的家族在长达200年的时间里，8代人中没有一个被逮捕、被判刑，先后出了80多位科学家和教育家。而同一时期，纽约州的马克思·朱安家族，由于家风败坏，100年时间里，8代人中竟有300多人成了乞丐，400多人酗酒死亡，63人被判刑。可见家风具有传承性，有时甚至影响几代人。所以，要想教育好一代人，不可不建立起自己良好的家风。

家风又称门风，这个词语在西晋出现并在随后流行，这和当时“世家大族”成为社会上的统治力量有关。我们可以将家风理解为家庭的风气，将它看作是一个家庭的传统，是一个家庭的文化。

这里，我们先要做一些区分：家风不同于家规，虽然这两个概念都与家庭教育相关，但它们有着本质的差异。对此，徐梓先生在《家风的意蕴》中有过描述，他说：

家规是家庭或家族中的规矩，是家人所必须遵守的规范或法度，是父祖长辈为后代子孙所制定的立身处世、居家治生的原则和教条，它是借助尊长的权威，加之于子孙族众的又一重道德约束，有的甚至具有法律效力。它有家训、家诫、家规、家仪、家教、家法、家约、家矩、家则、家政、家制等名义，有敬祖宗、睦宗族、教子孙、慎婚嫁、务本业、励勤奋、尚节俭等多方面的内容，是行于口头、针对性强的具体教诫，是见诸家书、目的明确的谆谆训诲，是载诸家谱、可供讽诵的文本。家训可以有多种分类，如根据其表现形式，可以分为教诫活动的家训和文献形式的家训两种；根据内容，可以分为针对一人一事、起因明确、内容具体、结果也很显豁的非规范性家训，和针对整个人生、涉及方方面面的规范性家训。有的家训，着重于家庭子弟的道德修养，教授为人处世要法；而有的家训，集中于居家治生，以至于祠堂、义庄、学塾等的管理规条。但无论如何，相对于家风，家训一个总的特点是有形的，是可视可见的。

家风有别于家庭世代相传的道德准则和处世方法，它是一个家庭的性格特征。虽然它一旦形成，也就成为教化的资源，对家族子弟具有熏染影响、沾溉浸濡的意义，但家风是一种不必刻意教诫或传授，仅仅通过耳濡目染就能获得的精神气质，具有“润物细无声”的意义。《魏书》卷九十一中的“渐渍家风”，就极为生动形象地诠释了这一过程。通俗地说，我们可以把家规看作是教化家人的教科书，而家风则是经由长期教化后的结果。

有了这层细致的区分，我们不难知道，家风的形成其实要经历长时间的积累沉淀，绝不是一朝一夕的事情。在庾信的《哀江南赋序》中，有“潘岳之文采，始述家风；陆机之辞赋，先陈世德”的说法。这里“家风”和“世德”并举，足见家风有别于时尚，而是与“世”即较长时间、好几代人紧密关联。正是在这个意义上，历史文献中提及家风一词，往往蕴藏有对传统的继承意义。例如，“齐有人焉，于斯为盛。其余文雅儒素，各禀家风。箕裘不坠，亦云美矣”（《南史》卷二十二）。这里的“禀”字，就生动地传达了下对上、后对前的承继接受。至于比比皆是的“不坠家风”“世守家风”“克绍家风”“世其家风”以及“家风克嗣”等，无不体现了这一特点。

怎样确立家风，以及确立怎样的家风，古圣先贤对这个问题有过深入的思考和实践。如被誉为晚清“第一名臣”“官场楷模”的曾国藩的家风理念，就很有代表意义。

曾国藩一生恪守儒家“仁义礼智信”的道德信条，对自身要求极严，对待家人更是如此。他在给家人的书信中亦是念念不忘家风的培育和传承，努力将良好的治家、修身、处世理念传授给他们。我们翻开《曾国藩家书》，这种文字比比皆是，如他说：“无论大家小家、士农工商，勤苦俭约，未有不应；骄奢倦怠，未有不败。”勤俭而不骄奢，是曾家最为凸显的家风。

曾国藩认为，官宦之家，家道不易持久，富贵易生骄逸，骄逸必致家道破败。“金玉满堂，莫之能守；富贵而骄，自遗其咎。”他在给弟弟的信中说：“天下官宦之家，多只一代享用便尽……商贾之家，勤俭者能延三四代。耕读之家，谨朴者能延五六代。”他要求女眷以勤劳为荣，不要以贵妇自居，让身为巡抚千金的儿媳刘氏跟着婆婆学纺纱，每夜时至“二鼓”；要求三个女儿每人每年做一双鞋子寄给他，用所织棉布裁剪衣服鞋袜；要求儿子们保持简朴的生活习惯。他告诫儿子纪泽、纪鸿：“凡世家子弟衣食起居，无一不与寒士相同，庶可以成大器；如沾染富贵习气，则难望有成。”甚至对其父亲，曾国藩亦希望其能低调做事，不要干预司法，不要对地方官颐指气使，不要跟相邻打官司。直至其晚年弥留之际，他还给家人留下四条遗嘱。一是慎独则心里平静。强调加强自身修养，不唯名利。二是主敬则身体健康。不论人多人少、事大事小，都以恭敬之心对待。三是追求仁爱则人高兴。只有仁者爱人，方可自立自达。四是参加劳动则鬼神敬重。要求子女操习技艺，磨炼筋骨；勤勉向上，广济百姓。“此四条为余数十年人世之得，汝兄弟记之行之，并传之于子子孙孙，则余曾家可长盛不衰，代有人才。”

我们看曾家后人，也确实能恪守优良家风，以至在教育、化学、文学、艺术界才俊辈出，人才济济。

中国古代特别重视家族的绵延性。如何延续家族？在传统社会，延续家族最基本的原则不是积累财富，而是“积善”。林则徐教子联：“子孙若如我，留钱做什么？贤而多财，则损其志。子孙不如我，留钱做什么？愚而多财，益增其过。”从林则徐的话中，我们可以看出，古人对于家族传承更重视“德”的培养。《周易》讲“积善之家，必有余庆；积不善之家，必有余殃”，这可以说是中国式的独特的“报应”观念，也是儒家式的家族传承观念。

历代家风、家训对此多有反映。汉代名臣刘向给儿子刘歆写《戒子歆书》，告诫儿子“受福则骄奢，骄奢则祸至”，要做到“恐惧敬事”，不要忘记，“吊者在门，贺者在闾”。宋代黄庭坚曾作《家戒》，“以为吾族之鉴”，因为他曾亲见“衣冠世族金珠满堂”，不数年间，已呈败象，又越数年，已是明日黄花，门庭破落。这都是以一种危机意识告诫子孙。家族传承“其兴也勃焉，其亡也忽焉”，要时刻做到“居安思危”，以那些败亡的家族为鉴。此外，如《袁氏世范》《郑氏规范》《梁氏家训》等皆有类似内容，不胜枚举。

家族的兴盛靠的是一代一代积累德行。如果先辈不能积累德行留给子孙，子孙不能积累德行继承其父祖，则家族没有不倾覆的。因此想要光大前人裕惠后人的事业，务必做积累德行的修养。

中国古代家风、家训文化源远流长，除了一些成书的家训外，历史典籍、地方方志、家族家谱中也保留了大批同类材料，福建省在2013年曾收集、整理过一批家训，共收集到79种家训材料。而中国传统家训的内容，正如上文所提到而其他篇章将深入论述的，它们或孝顺父母、尊敬长辈，或崇尚仁义、诚实守信，或尊师重教、重礼谦逊，或和睦宗族、团结乡邻，或勤奋读书、勤俭节约，或自强不息、艰苦创业，涉及立身、治家、处世、为学的方方面面。这些家训的直接目的，都在于维持家族，强调家族传承。

依靠着这些家风家训，古代有很多家族绵延几十代，传承至今。其中最为著名的当属孔氏家族，也就是孔子的后代。到20世纪90年代，曲阜当地的孔氏已传至八十代"佑"字辈，家族至今已经有2000余年的历史。孔子后代恪守孔子的教诲，历代名人辈出，被称为"天下第一家族"。除孔家外，还有一些家族绵延不断，如范仲淹的范氏家族，程颢、程颐的程氏家族，这些家族能够传承下来，靠的主要是家风的力量、文化的力量。相反，有些位高权重之人，生前煊赫一时，子孙却很快消亡。

前文提到，民间有一句俗语叫"富不过三代"，完整的说法是"道德传家，十代以上，耕读传家次之，诗书传家又次之，富贵传家，不过三代"。在古人看来，仅仅靠富贵传家，并不能维持家族的长久，真正能使家庭传承持续下去的还是要靠道德。为什么富贵传家不能长久呢？因为仅靠财富，很难保证家族每一代都能勤劳肯干。仅仅守住财富，难免出一些好吃懒做之人，而只有把好的品德传给后人，才可能使子孙守住家业，也只有传承良好风气才能保证家庭的长期繁荣。

四、家国同构观念与家风

“家国同构”作为一种古代主流文化认同和接受的思想观念，其出现可以追溯到西周初年。就像我们在前面所提到的，西周最重要的礼制是宗法制，它的实质是按照血缘关系的远近来确立政治关系。从封建宗法出发，大家有共同的祖先，嫡长子一支为大宗，其他为小宗，小宗当中，又可以再分大小宗。大宗子统领小宗，不仅是族长，还是政治上的领袖。正如有学者所指出的：“以父祖之尊为核心，外接爵位之尊，内统血缘之亲，一方面使得宗族内部的亲亲关系中也充满了等级结构，另一方面使得政治领域的尊尊关系中也布满了亲属关系的影响。”（周飞舟《从丧服制度看中国社会结构的基本原则》）换句话说，孝和忠在这里是合一的，这是家国同构观念的本质内涵。

中国是一个以农业为主的国家，自古以来，长期处于以小农经济为基础和以亲子血缘关系为纽带的家国同构的社会。家庭既是全家人生活的共同体和生产单位，同时也是社会的基层组织。家庭组织原则是等级分明的礼制，个体家庭始终包容在宗族或家族体系之中，上至皇家贵族，下至平民百姓，无不视为宗族或家族的成员，在君权和父权有机统一的家长教导和监督下，从事着一切活动。

在家国同构的政治格局里，臣对君要有绝对的忠诚，下对上要有绝对的顺从，修身齐家与治国平天下一定程度上处于同样重要的地位。臣对君的忠，下对上的孝，构成了整个封建社会的精神支柱。因此，人的一生都被教导要追求建功立业、光宗耀祖以及为国鞠躬尽瘁，只有这样才能实现人生的最高价值。这种家国同构的思想观念基本上贯穿了整个传统社会，中国古代的思想家们也几乎一致认为，个人的命运和国家的命运始终是绑在一起的，“天下兴亡，匹夫有责”，国兴则家兴，国亡则家灭。即便到了近代，各种封建残余受到人们猛烈的批判，但家国一体的思想仍然为人们所继承。如1939年，林语堂在完成其长篇小说《京华烟云》时，借书中人物荪亚之口说了句“家庭是国家的第一道防线”，似乎就是在家国同构传统的回归中表明了其对战乱中家庭的看重。

在家国同构的思想观念下，家庭是伦理实施的主要场所，在此之上发展而成的伦理道德思想被统治者加以制度化成为家庭乃至国家的精神支柱。国与家在数千年的演变过程中相互依存，相互影响，直接造成了伦理道德思想在中国传统文化中占据极为重要的地位，并深刻影响着中国社会的存在发展与中华民族的意识形态和价值取向。

应该说，直接催生家国同构观念的主要因素是儒家的伦理学说。儒家历来主张以己推人，由近及远，将处理血缘关系的原则推广到社会关系之中。孟子曰：“老吾老，以及人之老；幼吾幼，以及人之幼。”按这种由近及远的思想逻辑，儒家认为：家是缩小的国，国则是放大的家。

在儒家的思想经典中，将家、国，君、父放在一起连带论说的俯拾皆是，我们可以随意举出几个例子，如：

《大学》：“所谓治国必先齐其家者，其家不可教而能教人者，无之。故君子不出家而成教于国：孝者，所以事君也；弟者，所以事长也；慈者，所以使众也……一家仁，一国兴仁；一家让，一国兴让；一人贪戾，一国作乱；其机如此。”

《孝经·士章》：“资于事父以事母，而爱同；资于事父以事君，而敬同。故母取其爱而君取其敬，兼之者，父也。”

《荀子·致士》：“君者，国之隆也，父者，家之隆也。隆一而治，二而乱，自古及今，未有二隆争重而能长久者。”

儒家的家国同构思想，是把家庭生活中的行为礼节外推到国家君臣之间应该秉持的礼仪，由此自下而上形成了一套严密的社会道德规范，在社会中形成了以“仁爱”为核心的道德标准。所谓“身修而家齐，家齐而国治，国治而天下平”，儒家家国同构的思想强调从个人修身开始，由个人道德品质的完善，到家庭伦理关系的协调，最终到天下国家秩序的稳定，它以个人的道德实践为基础，以实行道德为核心，从小到大，由近及远。用梁启超的说法就是，公德和私德是道德统一体的两个方面，“独善其身”者是私德，“相善其群”者是公德。也就是说，公德是个人与社群关系的道德，私德是个人求自身品性的完善。两者都是人生必需的道德，也都是立国所必需的。缺少私德的民众不可能组成国家，只有私德而缺少公德的国民更不能组成国家。

家庭作为缩合个人与国家的中间环节，决定了家风、家教的完善不仅是个体家庭和家族巩固与发展的需要，而且是国家政治稳定的先决条件。古人认为，“天下之本在家”（《中鉴·政体》），只有搞好家风、家教才能“齐家”，只有通过“齐家”才能实现“国治天下平”。家风是社会文明的铺路石。家风正，则民风淳；民风淳，则国风清；国风清，则家国兴。家庭是社会的细胞，家风则是社会文明程度的缩影，每个家庭的家风汇聚起来也就形成了这个社会的民风和社风。

我们说中国古代重视家文化，这并不是说西方人就不重视家文化，西方有些国家也特别看重家庭的独特地位，今天美国一些保守的州，他们对家庭伦理的恪守，值得当代中国人学习借鉴。但正如前文所言，相较于西方，中国家文化有一个突出的特点，即家庭具有一定的超越意涵。在中国，祖先构成一个家族内部共同的崇拜对象，是家庭成员生命的确定性开端，同时，维护家族、保持家族延续，是实现个体不朽的直接手段。中国古人的不朽不在彼岸，而就在此世的家族传承当中。

西方从早期开始，家庭的原则就不同于国家的原则。古希腊悲剧《安提戈涅》解释的就是这个问题。同样的，苏格拉底的《游叙弗伦》则讲述了另一个故事。游叙弗伦状告自己的父亲因为疏忽导致一个帮工毙命，并以宙斯推翻父亲的做法为自己正名，被固守传统伦常的雅典人所不解。而作为苏格拉底的学生，柏拉图则设计了一个完全没有婚姻、家庭的理想城邦。游叙弗伦的故事如果发生在古代中国，它可能产生的哲学冲击就没有那么强，因为中国古人更像固守传统伦常的雅典人。柏拉图的理想城邦也一定不会是中国古人的理想城邦，因为中国古人的理想城邦是父慈子孝、夫妻和睦。中国古代家国的基本原则是“移孝作忠”，家国同构，家国相互维护。在古代，为了维护家庭伦理的基本原则，如果出现儿子因为游叙弗伦那样的事情状告父亲，那么一定是父亲获胜；与之相应的，个人则需要将对家庭的义务转化为对国家的义务。

可以说，中国古人所讲的家国同构，恰是中国古代文化的一个重要特征。也因此，我们文化中的“忠臣孝子”才不构成冲突，个人的奋斗、个人为家庭的奋斗、个人为国家的奋斗才能有效地统一在一起。

第三章

传统家风的核心精神

中国人历来重视家风的教育和传承，无论是传统的耕读为本、诗书传家，还是在各种家规、家训中倡导的孝亲、明礼、忠厚、诚信、勤俭等，都像一条条牢固的纽带，不断地延续着中华民族的优秀家风和传统。家庭是社会的基本细胞，也是每一个社会成员的第一所学校。而每一个社会上的个体，其有意或无意的言谈举止、待人接物都会或多或少地有着自己家庭的影子，而这些影响是在个人从小的生活环境和父母亲人的潜移默化中造成的，正是这种耳濡目染、润物无声的教化使得优秀的家风得以延续。家风的核心精神源自中国传统文化的深厚底蕴，家风的形成在于以家庭为纽带来传承良好的行为习惯、人文素养和道德风尚，因此家风传承背后依托的是中华民族优秀的文化传统。相应地，优秀的文化传统在家风的不断传承与践行过程中，也得到进一步的发展与完善。家风的核心精神经数千年的传承与淬炼，熔铸成中国人独特的民族性格，直至今日依然影响着我们为人处事的方方面面。

一、亲情与仁爱

中国传统家风的核心理念之一，就是依托家庭成员之间朴素而纯粹的亲情关系，在家庭、家族中树立起充满温情的积极的伦理观念，并以此为基础推而广之，将这种源自家庭的仁爱原则确立为每个家庭成员立身处世的基本原则。“亲亲、仁民、爱物”可以说正是这一理念的理性表达。中国人认为“人者，仁也”（《论语》），人之所以为人的本质在于每个人都具有的仁爱之心，在于人的道德价值，而人的本质最为直观的表现首先就呈现于亲情之中。因此中国传统家风的核心理念最为看重亲情仁爱，通过现实生活中的亲情传递仁爱观念，让每一位家庭成员在亲情中体会仁爱，体会人的道德本质，并以此作为我们每个人为人处事的根本。更进一步，家风从培育个体仁爱之心出发，“老吾老，以及人之老；幼吾幼，以及人之幼”（《孟子》），将亲亲之德、仁爱之心自然展现于社会行为之中，从而做到仁民而爱物、廓然大公，最终在全社会呈现出充满温情和善意的和乐面貌，而这也造就了中国人独特而充满活力的社会生活。

中国传统家风历来注重孝悌人伦的培养与教化，传统家风中的亲情仁爱理念也通过重孝悌的人伦得以彰显：“夫有人民而后有夫妇，有夫妇而后有父子，有父子而后有兄弟：一家之亲，此三而已。自兹以往，至于九族，皆本于三亲焉，故于人伦为重者也，不可不笃。”（《颜氏家训》）简单来说，从中国传统家风培育视角来看，夫妇、父子、兄弟这三种亲属关系是人伦关系中最为重要的部分，不可不加重视。亲情关系不仅是家庭关系的根本，更是社会关系展开的基础，而亲情关系培育的根本则在于培育仁爱之心。比如，孔子就非常注重亲子之情的培育，他认为人最真实的情感就直接呈现在子女与父母的情感连接当中。当他的学生宰予对传统的礼节“三年之丧”有所质疑的时候，孔子提出“子生三年，然后免于父母之怀”，在孔子看来，父母对于子女的这份亲情源自本能的爱，而这份仁爱之心就是家庭关系的起点，同时这也应当成为家风教育的起点。作为深受父母所爱的每一位子女，应感同身受地去体察这份亲情，同时对父母产生自然的最真实最深厚的爱，这是家庭教育、家风培育的基础和起点。我们今天常用的一个成语叫作“麻木不仁”，其所指的并不是简单意义上的德行上的不善良，而是说仁爱之心的不通畅，之所以麻木则在于不能切实地感受，而不能切实地感受亲情也就不可能培育仁心仁行。因此中国传统家风培育之所以将亲情与仁爱之心置于如此核心的位置，就在于此。

正如《论语》中所指出的:“子夏问孝。子曰:‘色难。有事弟子服其劳，有酒食先生馔，曾是以为孝乎?’”家风培育的起点不在于礼仪行为的得当，不在于现实中的行为实践，而在于内在的道德情感。《礼记·祭义篇》讲:“孝子之有深爱者必有和气，有和气者必有愉色，有愉色者必有婉容。”因此，人们孝顺父母的行动应当是发自内心的真诚情感。进一步来说，孔子常常孝悌并提，既重视父子关系，也重视兄弟关系，强调培养人们孝悌的品德是最基本的，指出，“弟子入则孝，出则弟”“孝弟也者，其为仁之本与”，把做到孝悌看成是实现仁的基本要求。《颜氏家训》中讲:“兄弟者，分形连气之人也。”“二亲既殁，兄弟相顾，当如形之与影，声之与响，爱先人之遗体，惜己身之分气，非兄弟何念哉?”这里认为兄弟是一母所生，他们是外表不同而气息相通的人，父母去世后，兄弟之间应当相互照顾，要如同形体与影子、声音与回声一样亲密，兄弟间要互相爱护先辈所给予的躯体，要互相珍惜从父母那里分得的血缘关系。《曾国藩家书·致诸弟》中也谈道:“第一贵兄弟和睦，第二贵体孝道，第三要实行勤俭二字。”中国传统家风认为基于家庭伦理的孝悌能反映出人性良善的一面，因为慈爱和孝顺，便有父慈与子孝，因为宽容和互敬，便有兄友与弟恭，因此亲情与仁爱之心理所当然地就成为中国传统家风的核心与起点。

中国传统家风的亲情与仁爱理念通过德善立家原则获得其现实支撑，因此崇德向善历来被视为优良家风的基本价值追求，维系着一个家庭或家族的团结。亲情与仁爱在传统家风中并不仅仅是单纯的价值理念，也展现为具体的做人处事原则。《颜氏家训》一开篇就概括性地阐述了著立家训的目的，其基本内容无外乎要家人清白做人、自立自重、忠君爱国、宽柔慈厚。善不积不足以成名，恶不积不足以灭身。中国传统家风历来注重道德教化，将道德教育放在首位，强调美德的传承，注重从贤圣之人的思想中汲取丰富的道德资源，以涵养家庭成员的道德人格。另外，古人在家风建设的过程中非常注重吸纳圣人先贤的教诲，如先秦时期孔子提出“仁”的思想，“仁”既是一种主观化的道德修养，又是一种客观的道德标准。“为仁由己”而不由人，就是说道德行为是自觉的主动的。一个人如果不具备“仁”的品德，是不能真正理解并实现道德行为的。孔子认为爱是“仁”的主要内容，并将“己欲立而立人，己欲达而达人”与“己所不欲，勿施于人”的忠恕之道作为到达仁的方法。孟子从“四端”说出发，对儒家的性善论做了论证，预设了人成圣成善的可能性。如果注重内在的修养，遵循居仁由义、知言养气、切身自反、心无愧怍的道德原则，就能够由可能的道德变为现实的道德。孟子的思想是教人自觉自愿地去做一个道义完美的人，这就为涵养家庭成员的道德人格提供了积极的帮助，这也是家长要求家族成员勤勉读书学习的原因之一。

中国传统家风建设在立德修身方面还注重教导家族成员正确看待富贵与道德的关系，这也为家族成员道德人格的形成起到了良好的引导作用。中国古代很多家训认为，品德的好坏与官职的高低没有必然的关联。修养品德是自我健全和自我实现，不能考虑因此带来的功利目的。处富贵不宜骄傲，因为富贵是命中偶然发生的事，不应炫耀。如果是经过自身努力而富贵，也不能过于招摇。如果是凭借祖辈富贵而骄纵，这是可耻，更是可怜。比如明英宗正统年间进士袁衷，他在《庭帏杂录》中就指出“志于道德者为上，志于功名者次之，志于富贵者为下”，人生最重要的事就是加强道德品质修养，做一个道德高尚的人，其次是建功立业，最下品是对于荣华富贵的追求。因此，在传统家风中，以道德为先是核心理念。正确看待富贵与道德之间的关系，从亲情的脉络出发，从仁爱之心的培养开始，这无疑对中国人的道德人格的形成起到积极而深远的作用。

中国传统家风中的亲情和仁爱原则在今天依然发挥着重要的影响。尽管与过去相比，现代的中国社会发生了巨大的变化，传统家风所依赖的社会和家庭组织都发生了改变，然而中国人注重家风、注重亲情仁爱的观念仍然被一代代地传承和发扬，并仍在当下中国社会产生重要影响。中国人对亲情的重视、对人的道德价值的看重、对家庭美德与社会公德的理解，无不浸润着传统家风教育中最为核心的亲情与仁爱原则。不过，在社会急剧变迁的今天，仍存在不少道德缺失的现象，人情冷漠、道德滑坡冲击着现有的社会秩序，因此，如何将传统家风中着力培养的亲情与仁爱理念熔铸于现代中国人的现实生活之中并使其发挥功效，也成了一个重要课题，特别是针对当下中国全面构建法治社会而言，除了充分吸收借鉴西方相对成熟的法治理念和原则外，传统家风中借助于亲情与仁爱原则形成的充满温情和善意的社会规范本身，同样是不可或缺的源头活水。

二、恭敬与礼制

如果说亲情与仁爱构成中国传统家风的精神内核的话，那么恭敬与礼制则成为中国传统家风得以现实展开的外在凭借。家风的塑造和传承并非纸上谈兵，它是现实中对家族各个成员具体行为的规范与准则。因此传统家风的一个突出特点就是具有现实操作性，而这一操作性在中国传统家风中则表现为对于传统礼制的继承和发扬。与传统礼法相比，呈现在具体家规、家训当中的礼制表现出更强烈的现实性和可操作性，也正是传统家风对于礼制的不断发展与实践，才使得中国传统的礼乐文明能够不断指导现实、回应现实。应当说，正是借助于家风的实践与传承，中国的礼乐文化才得以不断丰富和发展，并保持了鲜活的生命力。

礼制本身对于传统家风的形成起着非常重要的作用。两千多年前我们的古人就认识到礼具有“经国家，定社稷，序民人，利后嗣”的多重功能，历代统治者也都非常重视礼制建设。礼制建设本身包括两个层面：一是国礼，二是家礼。为了实现家族内部的和谐与稳定、传承和发展，古人建立了一套家族内部的秩序和规矩，是为家礼。历代士人都将家礼作为修身齐家的手段，统治者则将其视为治国平天下的基础工作，提倡家礼著作以移风易俗。而正如我们所熟知的说法“礼不下庶人”，家礼原本是贵族社会的产物，而伴随着秦汉大一统帝国的建立，贵族和大家族遭到削弱，家礼也开始逐步发生变化，逐步下移。到了魏晋南北朝时期，随着以门阀士族为代表的规则社会再现，礼仪成为门阀士族借以自矜的文化标志，于是家礼的制作也成为普遍之事。正如陈寅恪先生所指出的“所谓士族者，其初并不专用其先代之高官厚禄为其惟一的表征，而实以家学及礼法等标异于其他诸姓”，当时世家大族各依礼经制作仪制，在本家族内代代传承，形成了各家各门独特的礼仪规范，这就是当时所谓的“士大夫风操”，而家礼也就自然而然地成为彰显门风的文化符号。所以在魏晋六朝时期出现了大量的家礼著作，我们所熟知的《颜氏家训》也正是在这一时期出现，由此可见传统家风从萌发到真正的出现，礼制在其中起到了关键性的作用。

一方面，我们应当看到礼制本身对于中国传统家风的形成起到了关键性的塑造作用，另一方面，随着家风的形成和发展，家礼本身又促进了礼制的完善和发展。比如在唐宋时期，特别是宋代涌现出大量的家训、家规，而它们的出现不仅标志着中国传统家风的成熟与完善，同时更是对传统礼制的补充与发展，重建家礼的目的正是在于纠正当时流行的种种恶俗陋习。众所周知，对后世影响最大的家礼文本是司马光的《书仪》和朱子的《朱子家礼》，两位大儒创制了近千年来东亚普遍流行的家内冠、婚、丧、祭等礼仪的基本格局，祠堂制度也得以广泛推行。由于《朱子家礼》简便易行，它对后代的影响极大，成为影响中国人日常生活最为深刻和广泛的礼仪文本。明清时期，当西方教士进入中国时，眼目所及都是彬彬有礼的臣民，由此对中国形成了“礼仪之邦”的印象，这在某种意义上可谓是《朱子家礼》流行的结果。

同时，礼制还集中表现在传统家法族规对于强化日常教化的作用。在法制社会，法律是平衡利害关系、解决矛盾的手段，而在缺乏正式法律的社会中，社会的平衡与矛盾的解决则全然依赖习俗。什么是习俗？其主要内涵恰是仪式或礼仪。传统的家法族规中有大量的规范教化强调家族成员对于传统规则的服从，其方式有日常生活教化、仪式教化、劝惩教化等，比如在《郑氏规范》中就有这样的规定，每天早上都要进行男女训诫教化，教育男人如何居家处事，教育女人如何和睦家庭。再如仪式教化，礼仪既可表现人的仁义忠孝，也是教化人的一种方式，传统家风礼制往往非常重视祭祀、冠、婚、丧等各种礼仪的教化，要求“小儿五岁者，每朔望参祠讲书，及忌日奉祭，可令学礼。入小学者当预四时祭祀。每日早膳后，亦随众到书斋祗揖”（《郑氏规范》），从小接受祭祀礼仪的教化。男子16岁以上行冠礼，须熟悉四书五经等内容，以冠礼进行儒家礼治教化。正是这一系列具体的礼制规定，使得家风的形成成为可能。

另外，古人非常注重对孩子的教育，并将重心放在行为规范上。朱熹说，儿童不懂大道理，但善于模仿，因此，先教他们怎么做，养成习惯，到他们成年后，再告诉他为什么要这样。孔子教子学诗学礼，历来传为美谈，被称作“庭训”“诗礼垂训”，孔子后代称此为“祖训”，自称“诗礼传家”。孔子教子学诗学礼的事，见于《论语·季氏》。有一天，孔子独自站在庭中，孔鲤迈着小步恭敬地走过，被孔子叫住，问孔鲤学习《诗经》没有。孔鲤回答说还没有，孔子就对孔鲤说，不学习诗是无法同人交谈的。于是，孔鲤就退回去认真地学习《诗经》。又有一天，孔鲤从院里经过时又被孔子叫住，问孔鲤学习《礼》了没有，孔鲤说还没有。孔子又教育说，不学习礼，是难于立身做人的。于是，孔鲤就去学习《礼》。至于礼的重要性，那就更是不言而喻的了，礼是人人须遵守的行为规范，孔子说“非礼勿视，非礼勿听，非礼勿言，非礼勿动”（《论语》），一个不学礼、不懂礼的人怎么能够在社会上立身处世呢？这就是“不学礼，无以立”的道理。

传统家风通过对礼制的具体落实，使得家庭成员的日常行为有了可操作性。更进一步说，传统家风对这一系列具体的外在行为也有着内在的心理要求，集中表现在恭敬之心上。因为具体的动作仪容正是敬意寄寓之处，敬离不开礼的形式而存在，脱离了礼的形式的敬，就可能难以体现敬的精神。各种礼仪场合中，虽然人们的行为方式各异，但表达合乎礼仪规范的敬，则是它的主要目的。在传统家风规范中，人与他人所结成的各种社会关系是以亲亲、尊尊、长长为基础的，尽管“礼仪三百，威仪三千”的规定无比繁杂，但其实质不外乎恭敬退让这四个字。孟子就把恭敬辞让之心看作是礼之端。《孝经·广要道章》称：“礼者，敬而已矣。”《左传》也说：“忠信礼之器也，卑让礼之宗也。”总而言之，以礼调节一般的他人与自身的关系，就意味着“自卑而尊人”。所以，传统家风通过礼制所构造的社会关系，其本身就将恭敬尊人作为一般要求，将恭敬之心作为与他人交往的出发点。恭敬这种感情，历来古人都非常重视。《论语·季氏》中说，“貌思恭”“事思敬”，《礼记正义》引何胤的说法，称“在貌为恭，在心为敬”。在与他人交往的过程中，心存肃敬是保证礼仪正确的前提条件，也是尊重人、保持人际关系的平衡的基础。因为有敬心在，人们对待任何人或事都不会怠慢。相反，自大之人不知存有恭敬之心，为所欲为，肆无忌惮地把自己的意志强加于人，其结果势必造成他人与自身的冲突。这一恭敬原则同样是我们今天把握传统家风核心精神所不能忽略的地方，这与具体的礼制原则本来就是相辅相成的。

对于今天的中国人而言，我们对传统家风中的礼制规范已经十分陌生甚至产生隔膜了。在社会发展变化迅速的今天，我们一方面不能够简单地希冀于通过用传统家风中的礼制来规范、指导当下的中国人，如当前一段时间出现的“国学热”之风一般，因为这些传统礼制规范需要与之相适应的环境，而它们对于今天的社会而言多少会有些格格不入，仅仅希冀于通过对传统礼制的学习来规范现实中的个体行为，可谓困难重重。但另一方面，传统家风中作为重要规范的礼制原则尽管逐渐失去了现实社会的土壤，但是其内在的原则与精神，其借由外在的约束与内在的情感由内而外来塑造中国人的行为方式与做人原则的理念，在今天仍旧具有强烈的现实指导意义。以往我们过于强调相对空洞的社会美德，而相对忽略其现实礼制的落实，结果往往造成美德沦为口号；同时我们又过分强调外在规则纪律，而相对忽略对规则背后的内心认同与理解，结果往往造成规则变成形式。这都是我们应当反思的，同时也是我们应当从传统家风的核心精神中传承和吸收的部分。

三、宗祖与传承

客观地说，中国传统家风的产生和发展同中国人强烈的宗族意识与传承精神是分不开的。在传统社会中，家族为了防止自身的衰败、没落，逐渐培养出重家风的传统。在传统社会里，许多人及其家族的命运往往都不稳定，世代荣华却可能一朝倾覆败落，在反复无常的历史条件下，制定一整套相应的家庭行为规范来克服家族的缺陷，并以此训诲子孙后代，使之仁义忠孝，循规蹈矩，积极上进，以此防止家族败落，成了世家大族的共同做法。因此，家风的兴起和盛行很大程度上反映了世族大家试图让家运长久的需要，并由此出发，形成了“惟祖训是从，惟祖训是尊”的家族文化精神。

事实上，中国历史上许多影响深远的家训总是与历史久远的家族联系在一起的，比如拥有《郑氏规范》的郑氏家族11代延续了240余年。正如颜之推在《颜氏家训》中所说，“吾所以复为此者，非敢轨物范世也，业以整齐门内，提撕子孙”，只有通过家训对子孙训诫劝勉才能使他们“立身扬名”，家运不衰。我们还可以看到，在曾国藩的家书家训中，诸如“兴旺气象”“家道长久”“家中兴旺”“家世久长”“一种生气”“一种旺气”“日进之气象”等言及家族兴旺的文字比比皆是。家族贤人的出现，在曾国藩看来，不仅取决于天性，也在于后天的培育。曾国藩说：“家中要得兴旺，全靠出贤子弟。若子弟不贤不才，虽多积银积钱积谷积产积衣积书，总是枉然。子弟之贤否，六分本于天性，四分由于家教。”这就一语道破了曾国藩注重家教、家训的全部动机——家族兴旺长久。他是按“家族兴旺”赖于“子弟贤才”，要出“子弟贤才”赖于“四分家教”这样的逻辑把家族兴旺的目的与家风培育联系起来的。

重视宗族的传承与发展对于传统家风而言起到了独特的传续作用。其实在世界历史上，许多发达的远古民族都极为重视家族传承中的道德教育。比如，古代希伯来民族就把道德教育提到了十分重要的地位。在希伯来语中，“父亲”一词便有“教师”的含义，如今在西方语言中以“father”来称呼教父，正是希伯来习俗的延续。在道德教育方面，中国文化与希伯来文化极为相似。中国人不仅很早就重视道德教育，而且道德教育的主要方式正是“家教”。所不同的是，希伯来人的道德教育是以宗教为核心，而中国人的教育则是通过家族传承的方式展开的。应当指出，在传统家风文化中，古人根据自己的生活经历，结合前人遗教总结而成的许多治家经验、立志情怀与治学精神都可视为中华民族的传统美德。比如说我们在宋代重要的家礼著作中，就能看到对宗族观念的突出和强调，如司马光的《书仪》专设“影堂制度”一节，就是强化宗族观念的一个重要表现。影堂即《家礼》中所说的祠堂，是供奉祖先牌位的地方，其职能相当于古代的家庙。家庙之制由来已久，但其间经历了多次的兴替和演变，在当时人们的日常生活中发挥了较大的作用。在司马光的《书仪》当中，影堂占据着十分重要的地位，祭祀祖先、冠婚丧礼、升官远行，都要到影堂举行相应的仪式，司马光这样规定的目的，就是要通过敬宗来增强家族的凝聚力，使宗族观念深入人心。

传统家风的形成和光大本就是在中国人世代家族的传承中形成的。“为贫出仕退为农，二百年来世世同。富贵苟求终近祸，汝曹切勿坠家风。”陆游这首《示子孙》对其子孙后代谆谆教诲。一个家庭或家族的家风要正，以德治家，才能让后代子孙源远流长。许多保有优良家风的家族，都制定了有很强约束力的家规、家训、家仪、家诫、家范、家劝、家语、家矩、家诰等。从550年的北齐开始，到民国为止，这1400年间，我国关于家训的专著有120多部，其中有被誉为“古今家训之祖”的北齐颜之推的《颜氏家训》，北宋司马光的《温公家范》，明朝吴麟征的《家诫要言》，清朝朱柏庐的《治家格言》，等等，这些家训不仅弘扬了中华民族的传统美德，也为家庭成员制定了道德准绳和行为规范。家训是对子孙立身处世、持家治业的教诲，是中国传统文化的重要组成部分，也是家谱的重要组成部分，它在中国历史上对个人的修身齐家发挥着重要的作用。家训属于家庭美德的范畴，是家人做人的道德标准，违背家训，就会遭受道德的谴责。家风是一个家庭的风气、风格与风尚。换一句话说，当一个家庭的家规、家训形成家庭的公众行为习惯即构成了家风。素有“江南第一家”之称的浙江浦江郑氏家族，以孝义治家，历南宋、元、明三代，15世同居，绵延360余年，鼎盛时3000人一起吃饭，和睦相处，曾立下“子孙做官，如有贪赃枉法者，生则消除家谱族籍，死则牌位不许进入祖宗祠堂”的家规。因家风良好，郑氏家族有173人为官吏，无不廉政勤政，无一贪赃枉法，正因此，明太祖朱元璋赐封其为“江南第一家”。

在中国传统社会，有“皇权不下乡”的说法，反映了国家权力难以渗透到广大的乡村社会，家族宗族组织不仅逐渐成为乡村的基本细胞，也成为社会管理的主体。费孝通先生就认为:“礼为中心的秩序本与法为中心的秩序，在本质上是相通，它们都是行为规范。法律是靠国家的权力来推行的。而礼却不需要这有形的权力机构来维持。维持礼这种规范的是传统。”这种传统正是祖祖辈辈社会经验积累而成的家法族规。宗族组织制定的家法族规以及在此基础上形成的传统家风成为国家治理乡村社会的有效手段，实际上也起着补充国家法律体系的作用，成为其不可或缺的重要组成部分。

对于今天的中国而言，社会结构、家庭结构业已发生了巨大的变化，特别是经过现代文化的洗礼，宗族的意识及其传承的理念似乎离我们越来越远，甚至常常成为饱受批判的观念，似乎自由精神、批判与超越的态度才是现代文明的核心理念，传统家风中关于宗族与传承的定位已经失去现实根基，也不具有什么现实指导意义了。客观地说，批判与超越的精神对于中国从传统走向现代文明具有积极意义，然而对于今天乃至未来的中国而言，我们更需要的是传承与重建。自近代以来中国经历了太多的挫折与磨难，也有过太多的尝试与失败，今天逐渐强大起来的我们开始意识到，中国未来的方向，除了不断借鉴吸收经验教训外，更需要充分承续与发扬自身的传统。中华文明之所以能够绵延几千年而长盛不衰，正在于此。与西方文明不断地推翻和颠覆不同，中华文明更强调返本与开新，传承与发展，而家风之传承，更是如此。

四、身教与躬行

中国传统家风得以不断地承续和发展，很大程度上在于其核心精神中蕴含着身教与躬行的品格。家风不是空洞无物的教条，更不仅仅止于长辈对晚辈的耳提面命，而是通过一代代言传身教、躬行实践，不断现实地展现在现实生活当中的活泼生动的存在。

应当说，家风的塑造和传承主要是依靠家庭教育尤其是家长的以身作则和率先垂范来完成的。孔子曾论述身教的作用:“其身正，不令而行；其身不正，虽令不从。”（《论语》）父母是儿童最主要的模仿对象，父母的一言一行都会对儿童产生巨大的影响。正如颜之推所指出的:“夫风化者，自上而行于下者也，自先而行于后者也。”（《颜氏家训》）家长对待孩子一定要有“一言讹替，以为己罪矣”（《颜氏家训》）的责任心。可见，古人在家风的传承过程中，都非常注重自身的榜样示范，不仅强调对下一代知识技能的传授，更重视道德品质和行为习惯的养成。正是基于这样的思想认识，才有了“孔子家儿不知骂，曾子家儿不知怒”（《说苑》）的俗谚，也才有“李晟教女敬公婆”的佳话和“刘敏夫妻共奉母”的美谈。子女在这种家风的熏陶下，自然修养有素、品质超群。而且，我国古代出现的一个特殊现象——家学，就是子承父业、世代相传的结果。比如，孔子家族的经学，司马迁和班固家族的史学。再比如，杜甫的“诗是吾家事”，包拯的“子孙仕宦，有犯赃滥者不得放归本家”。家风的教诲所及，均是言传身教的力量。

在传统的中国人眼里，要治理好家庭，塑造良好家风不是靠长篇大论的说教，而是靠言传身教的潜移默化。这种道德教育方法强调自然的变化，是在尊重个人自由的基础上促进人精神的成长，以自身的内在认同形成内在推动力。上行下效就是强调长辈对晚辈的道德示范作用。朱熹曾说“上行下效，捷于影响”，就是说上对下的影响、下对上的仿效，快于影之随形、响之随声。在道德教化中长辈的言传身教比空洞的道德规范具有更好的激励作用与示范效果。因此，良好的家风得以形成很大程度上取决于一家中长者尊者的榜样力量。一方面，古代家族长辈深知“其身正不令而行”的道理，因此非常注重自身言行的榜样力量。家长正身率下、公正不偏才能使家人和睦融洽、家庭秩序井然。在家族中子女晚辈总是通过观察长辈的言谈举止进行学习、模仿并养成自己的行为。因此传统家风建设中同样非常重视家长、族长、宗正的道德修养，要求家长以身作则引领晚辈公正公平地对待每一个家族成员，不得因私有偏。另一方面，传统家族长辈通过先人良好的典型事迹、格言警句及传说故事对子孙进行晓谕劝勉。比如颜之推教育子孙时就善于引用范例，让他们在具体事例中加深对家训的理解，从而更好地指导自己的实践。例如颜之推讲大司马王僧辩的母亲魏夫人品性严谨方正，因此王僧辩才能成就功业，而梁元帝时一个学生聪明机灵，但从小被父亲宠爱，管教失当，结果其成年后因粗暴傲慢说话不检点被周逖杀害。他通过这样两个正反事例的强烈对比，强调父母的品行与教育方法对子女的影响。再比如司马光的《温公家范》中记载汉代万石君石奋“孝谨”举世无比，而其子孙也争相效法，非常懂得孝道，万石君一家声名闻于郡国之间。在《温公家范》中收集了大量自卿士以至匹夫的家行隆美的典型事迹，供子弟、家人学习并效法。

如果审视中国传统家风传承，我们可以看到，中国古代家庭道德教育除了通过家规、家训以及家长的以身作则等方法，音乐也被视为一种重要的道德教育手段。民众通过对音乐的欣赏，身体与心灵在美与善的濡染中得到完善，从而提升自身道德。比如《尚书·舜典》中提到舜帝命乐官夔作乐，其目的就是发挥“乐”的道德育人的作用。孔子也非常重视乐教的道德教化功能。孔子之所以推崇韶乐，舍弃郑声，就是根据音乐是否具有道德意义，他追求音乐与道德融合，期望通过音乐的渗透提升个体的道德水平。

在家风的传承过程中，中国人认为道德的养成不是一蹴而就的，需要心灵的长期浸染，因此，朱熹说：“德者，得也。行道而有得于心者也。”（《四书章句集注》）一个人只有通过躬行，只有按照道德规范做事、从事符合道德规范的实际活动，才能获得和形成美德，才能成为一个有美德的人。躬行是美德形成的唯一途径、方法和过程，而立志不过是美德形成的开端，学习不过是美德形成的指导而已。所以，荀子说：“不闻不若闻之，闻之不若见之，见之不若知之，知之不若行之，学至于行之而止矣。”重视实践不仅是我国传统家庭教育的一大特色，也是一个优良传统。首先，实践可以使人形成良好品德、获取丰富知识。明代学者王廷相指出：“夫心固虚灵，而应者必借视听聪明，会于人事，而后灵能长焉。赤子生而幽闭之，不接习于人间，壮而出之，不辨牛马矣，而况君臣、父子、夫妇、长幼、朋友之节度乎？”（《石龙书院学辩》）其所表达的基本含义就是：人的道德与智慧是靠接触社会而获得的，不在社会中习练和实践，辨认牛马尚且难以做到，何况道德伦常？知识和道德是在实践中养成的。清代张履祥也曾指出：“一善在身，幼而行之，长而不之舍也。善将自其身以及诸人，以及子孙。一不善在身，幼而行之，长而弗之改也。”（《杨园先生全集》）这段话的意思是：从小通过行动养成的优良品行，成人后也不会被丢弃，并能影响到子孙和他人；反之，则将误人一生。爱国诗人陆游的不少劝学诗也讲明了同样的道理：“古人学问无遗力，少壮工夫老始成。纸上得来终觉浅，绝知此事要躬行。”（《冬夜读书示子聿》）又如：“努力晨昏事，躬行味始长。”（《与子聿读经因书小诗示之》）这些诗歌字里行间中无不透显出强烈的躬行意识，这是我们把握传统家风不可忽略的重要环节。

应当说，传统家风中关于身教与躬行的理念本身是一体同构的，这与中国人强调“知行合一”的传统息息相关。对于中国人而言，知行合一本身既是一种“工夫”，又是一种“境界”，植根于日用常行而又超越日用常行，也就是中国人常说的“极高明而道中庸”。家风的传承、道德与礼制的传递不能仅仅依赖于外在的说教与强制，家风的传递也是鲜活的精神感染，是日用常行的耳濡目染，是建之于对自身充分信任和认同基础之上的积极传递。而作为家风的承接者则更需要自己切身的体会与认同，进一步将此展现于自身生活的方方面面，成为自身生命的有机组成。身教与躬行，可谓传统家风的本质要求。

五、齐家与治国

“修齐治平”的理念是中国文化中极具特色的核心理念之一，在这种理念的滋养下，家国天下情怀成为中华民族的核心精神，也成为中国传统家风传承中传递的核心精神之一。中国文化与西方文化作为两个不同的文明体系，其重要区别也在这方面，即齐家指向的治国向度。

孟子有一段很有名的话："人有恒言，皆曰'天下国家'。天下之本在国，国之本在家，家之本在身。""恒言"，就是人们经常要说的话，"天下国家"，是指天下、国、家三个层次。人们常说要"治国平天下"，要想平定天下，要从"国"做起，"国"不安定，这"天下"怎么能安定呢？国要安定，根本在家。

那个时候，天子有天下，诸侯有国，大夫有家。后来，这个"家"的概念一直沿用到现在，也指小家庭。要把家治好，就要每个人自身先做好。因此对于中国人而言，家与国之间本就是一体而同构的，传统家风本身就是承载着这一思路而绵延传递的。对于今天的我们而言，家与国的内涵已经发生了很大的变化，然而家国同构的理念、齐家治国的精神仍然需要被传递与继承。

中国传统家风以齐家、治国理念为核心，本身就承载着中华文明独特的发展路径。中华文明的发展路径是家国同构，以家庭为本位、以伦理为中心是这种文明的基础，它与西方文明家国二分的发展路径及以个人为本位、以宗教为旨归的价值取向有着本质的不同。中国家风的传承不仅仅关乎家庭成员个体的生存与发展，更是中华文明本身的传承轨迹，它是中国传统文化价值传递与发展的基础环节。中国传统文化注重内圣外王的价值追求，讲求修身、齐家、治国、平天下的价值连接。家正是个人与国家、天下之间最重要的连接点。正如前文提到的，孟子说"天下之本在国，国之本在家"，中国传统伦常者五，家庭有其三，夫妇、父子、兄弟。其他两伦，君臣以父子关系论，朋友以兄弟关系论，推之则四海同胞，天下一家。正是中国文化这种独特的关系架构，使得中华文化形成了以伦理道德为基础和核心的发展模式或格局。王国维在《殷周制度论》中指出："周之制度、典礼，乃道德之器械，实皆为道德而设。且古之所谓国家者，非徒政治之枢机，亦道德之枢机也。"中华文化十分注重以道德为基础来建构价值体系，尊道贵德、志道据德成为基本的价值理念和价值追求。王国维进一步指出，一个国家并非只是一个政治机构，也是道德实体，因此，家国共通，个人道德、家庭道德、国家道德、社会道德等一体并建。由此可见，中华道德是一种以家国同构为基础，讲求家国情怀、家国一体的圆融性道德文化。在中华道德的价值体系中，家庭美德集聚着个人修身美德的要义并成为国家美德的发展根基。讲求齐家之道既来源于修身之道的要求，也通向治国之道和平天下之道。所以，家庭成为道德教育、道德修养的第一场所，只有家庭按照道德的要求和谐相处，治国平天下才有坚实的道德基础。中华道德的生发与创造同家庭或家族的道德价值追求有着最为密切的关系，因此，中华传统文化形成了重家风、齐家规、严家训的家庭道德教育体系。

传统家国并建的观念在传统家庭教育中影响深远，历史上也留下了数不胜数的感人故事，岳母教子"精忠报国"的故事尤其为人称道。岳飞自小一家漂泊，生活贫寒，其母姚太夫人虽然出身乡野，识字不多，却为人刚直、思想开明。她对岳飞从小施以严格的家教，教育儿子要学会面对苦难，要刚直不阿，要有责任意识和担当意识。北宋末年是一个兵荒马乱的时代，在国家危亡之际，姚太夫人励子从戎，在岳飞20岁离家从军临行前一天，姚氏为了鼓励儿子"以身许国，报效国家"，在他背上用针刺了"精忠报国"四个大字，要他牢记在心，至死为国效力。在母亲的影响下，岳飞对自己子女的教育也非常严，作为一个统率百万大军的主帅，却始终保持着简朴的生活。岳飞在家中日常只穿麻布，不穿丝绸。家中平时的饭菜是麦面加蔬菜，很少有肉，而且规定几个儿子不得饮酒。岳飞还经常要儿子们读书之余到农田去从事各种劳动。他说，对于子女，"稼穑艰难，不可不知也"。岳飞投军以后，一直战斗在抗金斗争的最前线，为国家尽心竭力，可惜被秦桧一伙以“莫须有”的罪名捕入狱中，最终和其子岳云一起，英勇就义。然而岳飞虽死，其“精忠报国”的精神仍令人肃然起敬，金军对他也有“撼山易，撼岳家军难”之叹，这是与其家庭教育分不开的。

中华优良传统家风大量涉及齐家之道和各种家庭关系的正确处理，这些具体的处理方式与准则值得我们借鉴和吸收，如提倡孝敬父母、夫妻和睦、敬长尊贤等。《朱子家训》总论家庭关系准则，提出父要严、子要孝、兄要友、弟要恭、夫妻要和、朋友要信，“见老者敬之、见少者爱之。有德者，年虽下于我，我必尊之。不肖者，年虽高于我，我必远之”。许多家训都宣称为人之道第一以孝为本，孝顺父母、尊敬长辈乃百行之首、万善之源。论及夫妻和睦，许多家训都视夫妻恩爱为家庭幸福美满之源，夫妻互敬互爱能移昆仑泰山。论及敬长尊贤，许多家训认为尊重长辈、尊敬师长为天地万物之理，渴慕贤良、见贤思齐是个人成长的必须。优良的家风是一个家庭或家族最为重要的、无可取代的精神财富，它弥漫于整个家庭或家族之中，影响到每一个家庭成员，惠泽于家庭的每一个成员。优良的家风也是一个家庭或家族的灵魂所在，支撑着家庭和家族的进步与发展。

应当说，对于中国人而言，家庭关系的建立与维系，不仅影响着个体的生存品质，更关系整个社会的发展进步。正如《大学》所言：“一家仁，一国兴仁；一家德，一国兴德。”家，是蕴藏梦想的地方，家风，是治国平天下的起点。也正是如此，尽管对于今天的我们而言，传统家风中许多具体的原则与规范可能已经失去其现实土壤，然而传统家风中一系列核心理念，特别是家国情怀的树立、齐家治国理念的传承，对于今天的中国仍旧具有现实价值，这也正是今天我们重新挖掘传统家风文化的现实意义所在。

第四章

家风与修身立命

家庭由个人组成，《大学》说“一家仁，一国兴仁”，那么我们也可以说“一人善，一家兴善”，良好的家风既离不开每个家庭成员的努力，也离不开每个家庭成员的修养和奋斗。只有先端正自己，才能对家庭的其他人提出要求，也才能营造良好的家庭氛围，形成合力。因此我们说：齐家之道，修身为先。就修身而言，良好的家风要求我们谨言慎行，做到“慎独”，进行自强不息的奋斗。除了修身之外，在当今这样一个变化日新的社会中，学习成为一个人终身的事业，这也是支持家庭的基础，而传统的家文化在学习方面也有许多可以借鉴的地方。

一、立德树人，修身为先

家庭构成的基本要素是人，或者说个人。这个个人，不是别人，正是“我”或者“自己”。虽然家庭的伦理关系是从夫妻开始的，但构成伦理关系的还是每个个体。可以说，小到齐家，大到治国平天下，都是从修身开始的。故《大学》说：“自天子以至于庶人，壹是皆以修身为本。”修身不好的话，即便妻子也不能信服，是故北齐的颜延之在告诫自己的家族子弟时说："公通，可以使神明加响；私塞，不能令妻子移心。是以昔之善为士者，必捐情反道，令公屏私。"（《庭诰》）

在古代文化里面，"我""己""身"这几个概念常常联系在一起。孔子说："仁远乎哉？我欲仁斯仁至矣。"又说："为仁由己，而由人乎哉？"这里的"我"和"己"都是指的成德的个体，而不是自己的私我。所谓私我，就是作为各种不正当欲望主体的"我"；而"己""我"，则是恻隐之心发见时的"我"，更是承担着一定的伦理角色，关涉着诸如父母、妻子、儿女等各种伦理对象的"我"。这两种"我"在一个人的身上是并存的，我们修养的工夫所要做的，就是把这种孝悌恻隐之心培育、生发起来，成为自己的主宰；而把私我加以限制、引导，使其听命于仁心。当然我们这里也要强调，限制、引导私我绝对不是灭掉私我——因为把欲望之"我"灭掉，人自身基本上也就不存在了。只有注重自我修养，才能获得他者的信赖。当然，自身修养是在与他者的交往中展开的，我们强调的"修己"，是一个逻辑起点。

《大学》对于修身有哪些要求呢？首先，修身是从正心开始的。一个人的行为，总是和内心的状态有关。如果心不正的话，"身"和行为也就不会正。比如一个人对某件事特别气愤，或者害怕，或者喜好、厌恶等，这些情绪都会影响他的判断。如果我们怀着非常厌恶的情绪去看待人，即便一个有优点的人也会变得一无是处，因此好好端正自己的内心和情绪非常重要。这种修养，不仅是整个人生的基础，也是齐家的基础。《大学》在讲到不修身不可以齐家时说："人之其所亲爱而辟焉，之其所贱恶而辟焉，之其所畏敬而辟焉，之其所哀矜而辟焉，之其所敖惰而辟焉。故好而知其恶，恶而知其美者，天下鲜矣。"亲爱、厌恶、敬畏、哀怜，这些还都是心的内容，但《大学》放在修身、齐家的章节里面，是因为它关联着家庭关系的处理。也正是如此，《大学》这一段引用了"人莫知其子之恶，莫知其苗之硕”这句谚语作为结尾。就齐家而言，比如教育孩子，就有可能因为过分溺爱而认为孩子一切都是好的，一切都不加以干涉，养成孩子宠溺骄逸的习气。

古代家庭的子女比较多，这种观点具有十分实际的意义。古人因为特别宠爱某一个孩子而导致家庭败坏的教训也很多。比如明万历皇帝，临幸一个宫女，生下了长子朱常洛。但是万历皇帝又不喜欢这个宫女，所以也连带着不喜欢朱常洛。后来万历皇帝宠爱郑贵妃，并喜欢郑贵妃所生的朱常洵。本来按照规矩，长子朱常洛成为太子、将来继承帝位是毫无疑问的。可是万历皇帝十分宠爱郑贵妃母子，对于朱常洵的赏赐、用度，都比朱常洛要奢华很多。大臣们纷纷表示不满，皆上疏坚持请万历皇帝迅速确立“国本”，也就是立朱常洛为太子，万历皇帝和大臣们僵持了好多年，这事才最终确立下来，但万历皇帝仍然宠溺朱常洵，这种宠溺反而是一种伤害，因为郑贵妃和朱常洵在这种宠溺下，便产生了非分之想，要侥幸地赌一把皇位争夺。万历皇帝曾给郑贵妃写过一个立朱常洵为太子的保证书，于是郑贵妃天天哭哭啼啼地以此来要挟。最后，太后裁定还是应该立朱常洛为太子，朱常洵被封为藩王并被要求离开北京，万历皇帝便以前所未有的规格赏赐朱常洵。不只如此，当朱常洛成为太子后，还发生了“梃击案”，据说是郑贵妃一派指使人到宫中试图梃击太子。朱常洛即位后不久，又因误服红药丸暴卒，此即“红丸案”，主谋也指向郑贵妃。整个明朝从万历到天启，发生这么大的骚动，朝廷疲惫，可以说都是从万历皇帝过于任性宠爱郑贵妃和福王，不合制度开始的。另一个非常有名的例子，是春秋初年的“郑伯克段于鄢”。郑庄公的母亲姜氏在生产郑庄公的时候难产（一说是脚先出来），受到了惊吓，从此姜氏就很讨厌郑庄公，反而非常喜欢小儿子共叔段。后来郑庄公继承诸侯之位，姜氏不断地请求封赏给共叔段大的城邑和财物。最终共叔段试图反叛郑庄公而自立，他们的母亲姜氏做内应，然而郑庄公早已看穿了一切，所以驱逐了共叔段（一说共叔段被杀）。

由此可见，正心诚意对于齐家，对于我们处理与家人的关系具有莫大的意义。就当今社会而言，虽然没有古代那么复杂的家庭，但是婆媳之间、丈夫与岳父母间，发生冲突的事也很多，在这种情况下，先端正自己的态度，就能化解一些纠纷，起码能避免一些人伦惨变发生。比如，有些人在冲动之下，对家人拔刀相向，事情发生之后，当事人又后悔不已。这种极端行为虽不常见，但也是有的。在这个时候如何平息当事人的愤怒？恐怕还要自己在平时的修养上下工夫。大程在讲到如何定心的时候，说过一句很受用的话："于怒时遽忘其怒，而观理之是非。"人最难以制服的情绪就是愤怒，但愤怒还是可以平息的。那就是在要愤怒到极点的时候，先马上忘掉怒，而去观道理的对错，自然能平息怒气，防止因愤怒而发生不可逆转的后果。

对于齐家来说，修身的意义不仅仅在于处理家庭关系的时候能保证一个不偏不倚和公正和蔼的态度，还在于人格修养本身，这是和睦家庭的基石。孔子说："其身正，不令而行；其身不正，虽令不从。"自己立身不正的话，不仅社会上的人不会信服，朋友、领导、同事、下属不会信服，就是家人也不会信服。孟子讲过一个故事：某位齐国人每次回家的时候，总是酒足饭饱的样子，他的妻妾问他干什么去了，齐人便说去和达官贵人吃酒去了。他妻子就和小妾商量：丈夫每天都说自己去达官显贵那里赴宴，可我们家这么贫寒，也没有达官显贵来造访过，这事必有蹊跷。这一日，妻子尾随丈夫要看个究竟，结果让她目瞪口呆：丈夫原来是去人家坟头上捡祭品吃。于是妻子回来和小妾说了，相对而哭。一个人，不努力工作，却还追求虚荣，便做出很不光彩的行为，如此又怎能赢得孩子、配偶和父母的尊重呢？

在涉及家庭教育上，父母本身的修养和言行尤其重要。俗话说："言传身教。"父母是孩子最初的老师，也是教导时间最长的老师。父母的言行给了孩子成长和效仿的基本环境。如果父母本身言行恶，教给孩子的道理也是恶的道理，那么孩子将来多半成为一个恶人；如果父母本身言行恶，却拿美好善良的来教给孩子，那么孩子必然会产生疑惑，最后多半成为一个虚伪的人；如果父母能够注意自己的言行和修养，培养整个家庭宽厚、和易、幸福的氛围，孩子自然会形成正确的价值观，将来即便在社会接触到不好的风气，也不容易走上歧途。当然，父母的修身，不仅仅是言行的正义，还要营造一个宽厚、和易、幸福的家庭环境。和乐的家庭环境对于孩子性格的重要影响，古代哲人和现代心理学家都有不少的论述。

修身不仅仅对教育子女有莫大的影响，而且也可以通过修养自己影响家人。我们常说“清官难断家务事”，这句话不仅是说外人无法插手家庭内部的事情，还是说家庭里的许多事情很难靠规则或法律理出一个是非曲直来。严格按照规则裁断，恐怕会伤感情，甚至会激化原有的矛盾。在这样一种环境中，人是比较难以自处的。但我们面临再难处的伦理困境，恐怕也比不上舜。舜的父亲瞽叟是个很暴虐的人，他的继母则很险恶，而异母弟弟象则十分骄奢淫逸。舜的继母和象天天给瞽叟进谗言，要杀掉舜。舜似乎没办法：自己的父亲要杀自己，难道还能为了自己的保全反过来杀父亲不成？然而若由着自己的父亲来杀自己，成全父母兄弟所犯下的大错，这也是不孝。因此舜面临着一个最困难的境地，这种境地或许比战场上的生死更令人焦虑和恐惧。舜首先做的，就是一次次地运用智慧逃避父母设计的各种陷阱。象霸占了舜的房子和家财，舜也不愤怒，直接就把家产赠予象。舜仍然像以前那样恭敬地对待父母，疼爱弟弟。经历过无数次类似的事情，舜的家人对舜终于有所好转。《尚书》记载是“以孝烝烝，乂不格奸”。或许现代人仅仅把它当作一个故事看，觉得它讲得迂腐、老套又不近人情。然而天下果真有完全泯灭良知的家人吗？恐怕没有。也正是如此，舜能够凭借自己的诚信，感动自己的家人，使家庭得以保全。我们现在特别强调个人的权利和自由，在家庭中也是这样，于是稍有道理，甚至没有道理，都寸步不让。这样的修养，难免使家庭四分五裂。修养自己，以及培养对待家人的诚恳态度，这其中的益处，有时难以用语言来表达。家中的亲情，或许也只能靠大家在平日里的生活去体会了。

二、立志高远，刻苦勉学

朱子的《家训》提到了“读书起家之本”，我们可以广义地将读书理解为学习。所谓起家，就是指使自己的家族、家庭兴旺发达。当然这里的发达不仅仅是指财富上的，对古代社会而言，起家是指获得一定的社会地位和令人尊敬的职业，更指因为才能和德性而获得世人的赞誉和尊重。如果说修身着力在人的德性方面，那么对于一个家庭来说，都做“好人”还是远远不够的；不仅仅对于家庭来说不够，对于在社会上生存或者做有益的事情，更是不够的。一个人要成才，才能为社会做贡献，为家庭做贡献，说到底，也才能成就自己。

人都不是“生而知之”的，人刚出生的时候既不懂得语言，也不会数学公式和物理定律，所有这些，在我们成年人看来理所当然的知识，都是自幼婴的时代逐渐学来的。是以古来的圣贤，无时无刻不勉励人们好好学习。《论语》的首篇首章，就立一个“学”字：“学而时习之，不亦说乎？”大家都承认孔子是一位伟大的哲人，博学多才，见解深刻。然而这么伟大的人物，却也是靠学习得来的。孔子说自己并不是“生而知之”的人，而是“好学，敏以求之”的人。敏，就是勤奋的意思。孔子还曾说，十户人家的小聚落里，也肯定会有像我一样忠信有德的人，但是未必能有人如我这般好学。这也就是孔子最后为何能成为圣人的秘诀。孔子的好学是出了名的。孔子曾向各类人学习，善于问问题。如果说西方哲人苏格拉底向人问问题具有教育和度化人的考虑，那么孔子的求问和好学则更为真诚。孔子跟随太师学习音乐，跟随各位礼官学习礼仪。孔子是真正怀着谦卑之心好学问道的人。在孔子看来，每个人都肯定有自己擅长的地方，我们应去学习人家的长处，所谓“三人行则必有我师焉，择其善者而从之，其不善者而改之”，也只有这样，才能真正做到学而不厌。这四个字看起来容易，但要完全做到是十分困难的。有气力或者自控能力的人，或许能努力地学习，并持续一段比较长的时间，但能终生保持这种不厌倦的态度，除了孔子之外，恐怕没有几人。这种学而不厌，显然是将学习当成一种生活方式，所谓发愤忘食，乐以忘忧，不知老之将至。孔子的后学荀卿，荀卿在教育人的时候，也体会孔子的意思，将《劝学》放在第一位。荀卿说的第一句话是：“学不可以已。”这其实也就是孔子“学而不厌”的意思。

我们之所以能习得高深的知识、良好的品德，自然是因为我们的心灵中本来就有这些认知结构和习得的能力，当我们受教育的时候，正是这些结构不断展开和生长，与外物相交会的过程。就像一个胚胎，他尽管不能直接是一个成年人，但已经包含了成为一个成年人的最关键性乃至全部的元素；可是仅仅有这个胚胎，没有母亲脐带营养的输送，没有后来母乳和食物的喂养，也无法长大成人。学习，就好像是这些汲取营养的过程一样。荀子说：木材根据人类的需要，加工成直的或扭曲为圆形，最终不会再变形，这是学习的功效。这个说法还不够完全，还需要融入孟子所说的，因为木材本来就有可曲可直的本性。木能成材成器，是我们开发木材的潜能、顺遂其潜能的结果。古希腊的哲人对此也有深刻的认识，苏格拉底曾经提出过学习就是回忆的观点。柏拉图的《美诺篇》中提到，一个没有学过任何几何学与数学的仆役，通过苏格拉底的诘难和启发，也证明了几何学的难题，习得了几何学知识。当然我们并不能由此说知识就是人心固有的，而是说认知结构在人心中本来已存在。人本来就有认知结构和良能，这说明上天之造化是特别钟于人类的。通过坚持不懈地学习，将这种结构和良能生发、展现出来，人才能对得起上天之造化所赋予的禀性，才能对得起自己的心灵和身躯，才能配得上“与天地参”的地位。

北齐的颜之推在《颜氏家训》中专门设立《勉学》一篇以教育子孙。他说：农夫的本分是种田，工匠的本分是工艺精巧，商人的本分是货物流通，武夫的本分是弓马娴熟，而士大夫也要有自己的本分和从事的技术，这就是学习和读书。在南北朝时期，世家大族由于占有土地和财富，故衣食无忧。这种优裕的条件却并未带来士族子弟的勤奋学习，反而助长了他们游手好闲、懒散骄奢的作风。他们不须种地做工，也不须四处奔波营生，便“饱食终日，无所用心”，有的甚至养出了一身怪癖。门阀士族的财富、土地、权力都是世袭的，可是士族子弟若都如此孱弱和腐化，这门第如何传承下去？因此颜之推对这种现象深恶痛绝。他告诫他的子孙切勿像其他士族弟子那样终日浮夸，而是要好好从事自己的本业。士族弟子的本业，就是好好读书、学习。他还直接说：“若能常保数百卷书，千载终不为小人也。”比颜之推稍早一些的王僧虔，在《诫子书》中也大谈学习的重要。当时魏晋南北朝盛行清谈，探讨一些比较玄远、形而上的话题，主要以《老子》《庄子》《周易》等为主。王僧虔说道：有些人书没怎么读过，学问没多少，也敢夸夸不绝地谈论《周易》《老子》，这不是坑人吗？如此大言不惭，只能贻笑大方。

我们进入现代社会，学习的内容和方式虽不至于像一些人所说的那样产生了“学习的革命”，但毕竟和古代有所不同。第一个变化是古代以“读书”为主要内容的学习，在现代社会已经有所变化。我们今天所谓读书有两种意思，一是学生在受教育阶段学习的行为，二是读书的本意。

就这两者而言，读书都不仅仅是某一个阶层的专利。任何人都可以接受正规的义务教育，任何人都可以在有空的时刻拿起书来读。颜之推的时代说士大夫以读书为业，而在现代社会读书不是一种职业，也不固定于一个阶层，这本身就是社会的进展。第二个变化，在于信息爆炸、技术突飞猛进，每天都有新的知识产生。这样，为了适应社会的发展，我们不得不每天都学习，学习对于每个人都成了终身的事。第三个变化，在于现代社会信息的繁多，信息量以几何级数的方式在增长。宋代的士君子，只要读了九经、三传、十七史，就已称得上是很有文化的人；而我们这个时代的知识，恐怕一个人用好几辈子都学不完，而且越学越多。为了能总体掌握这些知识，我们便发展了精细庞大的知识分工，每个人学得越来越专，越来越窄，因为即便是一个很窄的领域，可能都要学很长的时间。那么我们是否就要听庄子的教导呢？庄子说："吾生也有涯，而知也无涯，以有涯随无涯，殆矣。"他告诫我们不要去追逐这无限的知识，耗费精神，戕贼性命。然而人生而具有认识、解释和改变这个世界的能力，又如何能一息停止呢？如果人人皆不去奋进，恐怕现在还生活在山顶洞中。从家庭来讲，学习和奋进，才能使家庭在社会中有一个立足之地。中国20世纪八九十年代流行一句口号：学习改变命运。事实也正如口号所说的那样，许多边远地区或贫困地区的孩子，通过学习，改变了自己的命运，也改变了家庭的命运。而从总体来看，社会也因此得到了人才，还实现了阶层的流动。学习的意义之大，可见一斑。

庄子的话也自有他的道理。庄子其实是在不断地提醒着我们：在学习的时候，千万要明白自己想通过学习得到什么，千万不要沉迷于知识技术的汪洋大海中失去自我，或者局限在自己那一个领域中出不来。现代知识如海洋，要想完全把握，真的是比蚂蚁吞象还要难，所以学习要得法——庄子批评的是那些不得法而枉费力气的人。而得法的人，则能够以简驭繁，有把握全局的能力。举个例子，我们现代都局限于自己的专业技术领域，可能就固化乃至物化了自我。因此，思想、艺术的修养对每一个人来说都是不可或缺的。这种修养，不是如哲学系的专家或艺术鉴赏专业的博士那样去研究，而是有一种原初的、对于整体的感知能力。这样的学习，才能最终达到“君子不器”的境地。

学习不仅仅是学习技术——技术是我们这个时代所侧重的，但对于古人而言，学习首先是为了成德。我们或许会疑惑：德性怎么学？德性还用得着学吗？而持性善论的一些学者也会说：人性本善，不待学而知。的确，孟子说过人有良知、良能，有恻隐之心，但这仅仅是一个端，是一颗种子，学习就是浇水施肥使之茁壮成长的过程。如果没有学习的过程，使德性加以壮大，使我们对自己的德性有足够的自信和控制，那么德性很容易受到戕害或蒙蔽。比如，看到孺子入井的时候，仅仅有恻隐之心，和能不能时时刻刻有此心并付诸行动，是不一样的。这就考验一个人修为的深浅。如果知识的学习用多少来衡量的话，那么智慧的学习我们就可以用深浅来说明，德行的进退可以用纯杂来表示。北宋的大哲学家张载，不仅仅说过“为天地立心”这样的豪言壮语，他学问的核心其实是“知礼成性，变化气质”。“变化气质”可以代表古人对于学习的一般看法，人的行为是和其自身的气质密切相关的。上一节我们说到“修身为先”，身如果已经达到至圣，就不须去“修”了，所以只要称修身，就是一种学习。我们的气质不是一生下来就固定住的，它是可以变化的，即便在家庭关系中来看，也是这样。比如，一个脾气暴躁的丈夫，经常打骂老婆和孩子，或者妻子也经常抱怨丈夫，而这些性格或者习惯，都可以通过学习来矫正。我们观察到，在当今社会，随着传统文化的复兴，一些针对成年人的文化修习班正蓬勃兴起。这种班虽然也会讲知识，但是同时也应该注重培养人的气质。如果夫妻或父母子女一起来上这种课，对家庭带来的正面影响或许会更好。当然，德行的学习不是通过培训班就可以形成的，而是要在实际的生活中进行体会和践履。可以说，家庭生活是培养和学习德行的最适合场所，反过来德行的学习也促成了家庭的和谐，所有这些，都是中国传统家风极为珍视的。

三、洁身自省，谨言慎行

朱熹在《朱子家训》中说："慎勿谈人之短，切莫矜己之长。仇者以义解之，怨者以直报之，随所遇而安之。"个人的修行，除了学习，还有一个很重要的内容就是注重自己的言行。谨言慎行最直接的效果，就是少招惹是非。俗语云"祸从口出"。《大学》说："言悖而出者，亦悖而入；货悖而入者，亦悖而出。"如果自己的语言不检点，满嘴跑火车，就容易产生虚妄的言论，一旦这种言论侵犯到他人，自然会产生不好的后果。因言语不检点而招祸患的，在历史上比比皆是。我们当今处在互联网和信息化的时代，虚妄的言论或不雅的言行则更容易带来不好的影响，招致祸端。

从家庭的角度来看，这种要求是相当必要的。因为社会上看待一个人的时候，常常不仅将其看作完全孤立的个人，还将之视作某个家庭的一员。一个人必然有自己的父母，多数也有自己的配偶和孩子。一荣俱荣，一辱俱辱，我们自己谨言慎行，不仅仅是为了自身，也是为了家庭的荣誉和安全。《孝经》说："非法不言，非道不行；口无择言，身无择行；言满天下无口过，行满天下无怨恶。三者备矣，然后能守其宗庙。"谨慎自己的言行，就会少过错，然后家族就可以长久。能把家族保持好，就是大孝之一。

《周易 · 系辞传》说："吉人之辞寡，躁人之辞多。"意思是吉祥的、善良的人话比较少，而浮躁的人话特别多，甚至是"话篓子"。这基本符合大众的一般观感。其实达到办事的目的，几句话就够了。说话太多，意味着要增加、渲染许多内容，同时又为了吸引听众或调动气氛，喜欢讲话的人总是要加入一些“佐料”。是故说话滔滔不绝的人，往往有很多破绽。言者或无意，但听者未必无意。老子说“多言数穷，不如守中”，佛教戒犯口业，都是这个意思。除了语言，行为也应该谨慎，诸葛亮诫子，曰:“勿以恶小而为之，勿以善小而不为，静以修身，俭以养德。”不检点的行为，会因为积累而成为大恶，甚至当时就会造成一些严重的后果。比如，春秋时候的齐顷公，在接见晋国郤克的时候，嘲笑郤克是个矮子和驼子，甚至还号召宫中的妃嫔一起围观，集体嘲笑。郤克愤愤不平，当时就暗自发誓要报仇。后来齐晋爆发鞌之战，齐国战败，欲割地求和；晋国人不从，他们提出的讲和要求，竟然是要齐顷公的母亲。因为一个嘲笑，导致国家受辱，家庭受辱，这件事情的教训也是相当惨痛了。又比如，嵇康，我们知道嵇康是一个非常潇洒乃至放浪形骸的人。嵇康给山涛写信要绝交，提到自己“非汤武而薄周孔”，又激怒和鄙薄钟会，以至钟会怀恨在心，向司马昭进言，嵇康遂被杀。这样一个放浪言行的人，在留给嵇康后代的《家诫》中，却一再谆谆地嘱咐后代们要言行谨慎，比如，嵇康说“凡行事先自审其可，不差于宜”，也就是要自己认真思考这个事能不能做，不要凭一时冲动。嵇康又告诫说:“若行寡言，慎备自守，则怨责之路解矣。”可见尽管嵇康以夸张的方式向这个时代抗争，却出于父爱的天性不希望子女也效法，而是平安地过完这一生。

谨言慎行，不仅是外在言行上的要求，还是对我们整个精神状态和内心的要求，这就是《大学》所谓的“慎独”。即便没有人听到你说的话、看到你的行为，也一样应该谨慎，不能松懈。有平日的谨慎和涵养，才能在待人接物的时候自然地做到谨慎。若平日里松懈，养成一些习气，等到遇到外人的时候才收敛、才正襟危坐的样子，不仅仅是一种虚伪，而且事实上很难把自己约束住，免不了鄙野。《大学》说得很精彩:

小人平日里自处的时候做不善的事情，见到君子来了，就马上装出一副文质彬彬的模样，掩盖自己的恶，竭力显示自己的好——这有什么意义呢？即便别人不知道，老天也看得清清楚楚。一个人即便私底下做坏事，也是会被看得清清楚楚的。

然而对谨言慎行理解不当，也会有问题，比如，会导致胆小怕事或畏葸不前。在做事业上，有些机会可能稍纵即逝，容不得片刻的迟疑或“三思”。同时，过于谨慎，也会降低人的魄力和想象力。我们知道，许多科学的成就，都是“大胆地假设”取得的，尽管也配合着“小心地求证”。在修身立德方面，过于谨言慎行，更可能出问题：放弃自己的责任。我们对于社会有担当、有责任，包括言和行的责任。当遇到不正常的现象时，需要我们去呼吁和制止；当遇到不正义的现象时，需要我们去身体力行地阻止。这个时候，谨言慎行往往会成为保全自己的借口。但是在我们传统的主流文化中，显然是对这种做法持批判态度的。最壮烈的，是孔子说过的那句话：“志士仁人，无求生以害人，有杀身以成仁。”孟子也说：“生，亦我所欲也；义，亦我所欲也，二者不可得兼，舍生而取义者也。”那些舍生取义的人，不仅自己会壮烈牺牲，甚至会连累家庭，然而却能够使家庭显扬后世，被许多人铭记，我们也不能说义士对家庭不负责任。那么，“既明且哲，以保其身”与“舍生取义”的冲突，到底如何解决？

其实这两者多数情况下不会有直接的矛盾，因为谨言慎行与敢于担当，面向的是不同的事情。谨言慎行是告诫我们不要无缘无故地惹是生非，也不要夸夸其谈，而是为了改掉人们虚妄焦躁的毛病。但遇到该说话的时候，当然要说话。所谓“时然后言，人不厌其言”，或者“夫人不言，言必有中”。也就是说，不要随便空谈，但遇到应该说话的时候，一定要言之有物、一语中的——不管是在赞美善良还是在抨击丑恶，都应无所保留，不以自己的荣辱为念。行为也是如此：慎行更多的是告诫人们要身正影直，但遇到大义所在也不应该有过多顾虑。对多数人而言，这里并不存在矛盾。商朝末年“三仁人”的选择，更可深化我们对这个问题的理解。商纣王残暴，箕子、比干都是纣王的叔父，分别担任太师、少师，微子是纣王的庶兄。当时他们三人商量如何面对这个局面，最后比干认为为人臣子要尽忠敢谏，于是直言进谏，被剖心而死；箕子则佯狂为奴；微子则出逃。孔子说：他们三个人都是仁人志士。为什么呢？这当然与各自的处境有关。比干为臣，不得不死谏；箕子为父师，故被囚而未死；微子本来与纣王为兄弟，若像比干那样直言进谏，会酿成纣王杀兄之人伦惨变，因此避开纣王。我们在日常生活中未必会遇到这样的伦理困境，但思考一下，对于日常的选择还是有很大启发的。

四、持之以恒，自强不息

在《论语》中，孔子说：“善人，吾不得而见之矣，得见有恒者，斯可矣。亡而为有，虚而为盈，约而为泰，难乎有恒矣。”

修身立命，是一项长远的事业，需要人的恒心和毅力。虽说千里之行始于足下，但千里之行必然是要一步步的坚持才能到达终点，差一步达不到，都不能算成功。修身的道路如此的漫长，不仅是千里、万里，而且是没有尽头的。如果非得说有那么一个可以稍微停顿驻足的点，或许是生命结束的那一刻吧，所谓“死而后已”。成德如此之难，然而想败坏德行却是很容易的。积累了无数修行成为一个有德之人，但有可能仅仅因为一件失德的事而名誉扫地，受千夫所指，后悔不已。由此可见，为善、去恶，都是一个贵在坚持的过程。

《周易》六十四卦，以乾卦开始，可以说，这就给整个《周易》奠定了精神基础："天行健，君子以自强不息。"古人看天体的运行，一日一度，一年转一周，从不消歇，也没有片刻的懈怠和踟蹰，就想到人之在世，也应该自立自强，奋斗不息。乾卦六爻都是阳爻，正是一种纯阳之体，令人想到孟子对浩然之气的描述：这是一种至大至刚的境界，因为是集义所生，所以不会气馁，也就不会有后劲不足的状况。当然，"自强不息"特别强调"自"。所谓"自"，当然指的是要自主地努力，自主地坚持，而不是靠外力来强迫。为外力胁迫做一些事情，只要外力消失，就不会再坚持，也就不可能达到真正的恒、真正的强。之所以能不息，是因为自身的修持，就会有一种源源不断的力量涌现。

当然达到这种源源不断涌现力量去修身的境界，是需要有一个过程的，古往今来，能达到这种极高境界的，孔子是一位。《论语》常被人们看作了解传统文化的"入门"书，因为它相对"简单"一些。可是多数人并不能有信心把《论语》通读完——《论语》的中间部分有一篇很难的篇章《乡党》篇。它记载了各种看似复杂的仪节。《论语》为何要安排这样一篇在中间位置？它就是要展现孔子是如何把修身作为自然而然的事来做。如果我们把这些规矩或仪节看作外在的束缚，自然不能长久坚持。比如，在上司面前还能把领带打得端正、皮鞋擦得锃亮，目不斜视，注重仪表，可一旦回到家中，便马上把白天的姿态抛弃掉，感觉一身轻松。然而孔子恰恰没有在公、在私的区分，他把修身和仪节作为生命的一部分，或者说生活的常态，无时无刻不在实践这些，从不感觉累。我们发明了好多词语，除了身体累，还常常说"心累"，孔子则从不厌倦，做到了"从心所欲，不逾矩"。这是内心有所体认而达到的境界，需要我们效法，以及在生活中不断地提升和努力。

孔子年轻的时候读书就很用功，因此精通礼节、音乐、射箭、驾车、书写、计算等六艺，并且一生学而不辍，坚持到晚年，"韦编三绝"这个典故就源于他晚年坚持不懈攻读《周易》。春秋时期的书，主要是竹简，因为每片竹简收字有限，一部书要用许多竹简，并通过牢固的牛皮绳按次序编连起来才最后成书，才便于阅读，也最为结实，像《周易》这样厚重的书，就是如此。孔子“晚年喜易”，花了很大的精力，反反复复不知阅读了多少遍，就因为读得多，把串连竹简的牛皮带子磨断了几次。而即使到了这样的地步，孔子还说：“假如让我多活几年，我就可以完全掌握《周易》的文与质了。”可想而知，达到“从心所欲，不逾矩”的境界，以至于成为中国传统文化的奠基者，需要多少持之以恒的付出。

当然，自强不息除了德行，也包括了其他方面。做事业，没有自强不息的态度也是很难成功的。清末的曾国藩，在与太平天国起义军作战的过程中，经常吃败仗，可以说是“屡战屡败”。但他身上有一种百折不挠乃至于倔强的精神，这或许与他的理学修养有关，总之他通过坚持，把局面变成了“屡败屡战”，最终获得了胜利。作为中国近代著名的政治家、战略家、理学家、文学家，湘军的创立者和统帅，“晚清四大名臣”之一，曾国藩建立了卓越的功勋，赢得了令人瞩目的美名。对于自己一生所得，曾国藩总结为“一为坚持，二为专注，三为渐进”“于修业则贞之以恒”，可谓留给后人的警世良言。

孟子说得好：“故天将降大任于斯人也，必先苦其心志，劳其筋骨，饿其体肤，空乏其身，行拂乱其所为，所以动心忍性，曾益其所不能。人恒过，然后能改。困于心，衡于虑，而后作。征于色，发于声，而后喻。”（《孟子》）做人、做事情都贵在坚持。精诚所至，金石为开；念念不忘，必有回响。这样的人，才当得起一个家庭的柱石；也只有这样的人，才当得起国家和民族的脊梁。

第五章

家风与睦亲齐家

家风，当然是从家庭开始的。故而历代的家训特别重视齐家之道。家庭是从夫妻开始的，夫妻是人伦之端，也是家庭的基础，有了夫妻然后才有父子等伦理关系。夫妻关系的好坏，对于家庭的幸福与否有决定性的影响。对于如何处理夫妻关系，古代其实有许多宝贵的资源可资借鉴。夫妻关系成立之后，从纵向看有父母子女关系，横向看则有兄弟姐妹的关系，这样一个大家庭就成立了。古人处理父母兄弟姐妹的关系，主要是依据孝和悌的原则。传统的孝道似乎常常为现代所批判，但我们若平心静气地审视一番，会发现古代传统的孝道并不像一些人所说如“吃人”一般恐怖，而是包含了许多明智和审慎在其中。

当然，若想将家庭治理好，除了善于处理家庭关系之外，还要为家庭努力付出与奋斗，这便需要严谨、勤俭的精神。同时，一个人在家庭中的努力和奋斗，是融合于整个家族的，他时时受到家庭之精神即家风、家声的鼓励，又延续着这种家风以影响后世。

一、夫妻有义，以和为贵

朱熹在《朱子家训》中说："夫之所贵者，和也。妇之所贵者，柔也。"毫无疑问，夫妻乃是整个家庭的基础，在夫妻、父子、君臣、兄弟、朋友中，夫妻一伦具有基础的地位。《周易》便说："有天地然后有万物，有万物然后有男女。有男女然后有夫妇，有夫妇然后有父子。有父子然后有君臣，有君臣然后有上下。有上下然后礼义有所错。"天地之间，独阳不生，独阴不成，阴阳相和，方能生物，对于人类更是如此。夫妇一伦，实为造化之本源，人伦之始基，更是家庭之起点。齐家之道，不得不首先关注夫妇。我们现在还常用这种说法：当问及一个人是否"成家"时，其实就是在问是否进入了婚姻生活。

在家庭之中，夫妻关系是十分特殊的。从纵向上来说，父母与子女之间，有密切、直接的血缘关系，而夫妻在结合之前，并无血缘关系，有时甚至是陌生的男女。两人走在一起而成立家室，在古人看来，主要有两个因素：一是感情，二是道义。

男女相感才能走到一起，这是古人对于婚姻之前提的一个基本认识。《周易》这部古老的智慧之书，在卦序安排上就突出了夫妇之道：《周易》分上下两卷，上卷三十卦，从乾、坤开始；下卷三十四卦，从咸、恒开始。咸、恒这两个卦，就是人们从男女而成为夫妇的过程。夫妇的基础是男女之感情，故以咸卦来表示。咸卦的卦象，上卦为兑为少女，下卦为艮为少男，也就是少男少女之间的感情。所谓"感情"这个词，有很深的意味，我们现代人对这个词太过"熟悉"，天天使用，不再反省其意思，反而对这个词越来越陌生。"感情"是因感而生情，男女之间的感，是自然而毫无做作的，是气之相通。男的一方彬彬有礼（艮卦有“止”的意思，就是知道节制），女方则心有喜悦，双方皆念及彼此之好，便有了共同的感情基础。《诗经》第一首诗是《关雎》：“关关雎鸠，在河之洲，窈窕淑女，君子好逑。”“求之不得，寤寐思服，优哉游哉，辗转反侧。”这就是男女之间的感通之情。双方的情意已经相通，而通过琴瑟、钟鼓来寄托和表达。淑女、君子，和谐相感，莫过于此。

相感是婚姻的基础之一，而道义则是夫妇之合的更重要的因素。在古人看来，婚姻不仅是两个个体的事情，而且关乎家族，关乎整个社会。其实即便在现代社会，也很难说有完全自由、不管一切的“自由”恋爱——除非双方都是无父无母的人，不然就要考虑家庭的意见。对于古人而言，婚姻的道义更为重大。《礼记》说：“昏礼者，将合二姓之好，上以事宗庙，而下以继后世也，故君子重之。”婚礼是两个家庭的联系。古代特别强调“同姓不婚”，从人类学上来看，是为了防止近亲繁衍和乱伦的现象，这固然有一定道理，但从更深层的角度来说，不娶同姓还意味着一个家庭要吸纳新的因素来扩充、繁衍这个家庭，使家庭出现新的可能性，而娶同姓则意味着一个封闭僵化的体系。古代在婚礼的时候，妻子进入夫家，开始是从西边的台阶上厅堂的，拜过舅姑（公婆）之后，从东阶下来。西阶是客人走的，东阶是主人走的，妻子未入门之前是客人，拜过舅姑成为主妇之后，就成为这个家的女主人。这个身份的转换，其实是伦理意义的转换，也可以看出妻子在家中的地位。婚姻除了“合二姓之好”，还要事宗庙。在古代，单身男子是无法独立承担祭祀的，故必有妻子之后，才能共同祭祀祖先，所以“合二姓之好，事宗庙”就引申出了一个很重要的原则：夫妻一体。古人认为：父子是一体的，他们犹如头和脚的关系；兄弟是一体的，犹如手足之间的关系；夫妻也是一体的，二人是“牉合”的关系。所谓“牉合”，犹如一对兵符，只有两个兵符合在一起，才算是兵符，各自一半的时候，是不完全的。在这种叙述里，我们很少看到“夫权是压迫者”的意思。古人认为，夫妇都是十分重要的。这种认识反映到家庭生活中，那就是婚礼的当晚，夫妻要“共牢而食，合卺而饮”。也就是说，夫妻共同吃祭肉，同时将一个葫芦剖成两半，双方各执一半，用以饮酒行礼。这种风俗在当代仍有保留，它反映了夫妻双方尽管没有血缘关系，但这种以义相合者，也是不可分离的。这不仅是伦理观念和风俗，而且上升为法律。《唐律疏义》这样说：“伉俪之道，义期同穴。一与之齐，终身不改。”也就是说，夫妻伉俪，虽之前是陌生人，但既然结婚，就要共同携手走完人生的道路，直到终点。这种规定，对于现代家庭因为离婚而遭到拆散、破坏的情形，有重要的反思和借鉴意义。

古人对于婚姻是极为重视的，它是人一生中最重大的礼仪之一。这种重视，不是举办婚礼那一刻的奢侈和排场，而是人们在婚礼这件事上要前后思量，礼仪回环往复，经历许多程序。这里不是说古人讲究繁文缛节，而是因为这件事太重大，人们要慎重考虑。因为它涉及家庭将来的幸福，以及双方在将来为这个家庭所要承担的责任。虽说感情是婚姻的基础，但男女之间的感情，到底是真实的、持久的感情，还是因为欲望的一时冲动，未必人人都能马上搞清楚。如果因为一时冲动而闪婚，看似轰轰烈烈，其实却可能如暴风骤雨，不能持久。婚后互相龃龉，往往导致家庭破裂。这不仅伤害感情，而且伤害道义。古人对待此事极为慎重，深思熟虑，也就更能珍视婚后的生活，真正为家庭负责。

在古代，夫妻情投意合、相互扶持的例子不胜枚举。其中较有名的，有梁鸿和孟光这样的模范。梁鸿德性高洁、才华横溢，但当时社会黑暗，便产生了隐居之志。当时许多人都钦慕梁鸿的德行和才华，世家大族争着要招他做女婿。可梁鸿却不肯，在他看来，娶妻不是为色，也不是为财，而是要找到一个能够相知的人。据记载，孟光容貌体形是比较丑陋肥硕的，然而眼光却很高，她对家人说：我非梁鸿不嫁。在当时人看来，这简直是疯掉了。然而梁鸿听说之后却去下聘礼，娶之为妻。梁鸿是喜欢丑陋吗？显然不是。他只是在乎两人之间能否相互理解，具有共同的见识，将来能带来家庭的和谐，如果这些条件能满足，色之美或丑，财之多或寡，都不是梁鸿所介意的问题。孟光嫁给梁鸿后，起初打扮得比较华丽，梁鸿便闷闷不乐，这时孟光问："夫君为何如此，难道是我做的有什么不对吗？"梁鸿说："我是一个志在隐居的人，哪里需要这么华丽奢侈？"孟光回道："我只是想知道一下夫君的志向，其实我早就准备好了隐居的衣服。"梁鸿和孟光的事例证明，夫妻或家庭基础，是两个高洁灵魂之间的深深相契。也正如此，孟光才一直和梁鸿"举案齐眉"。

梁鸿、孟光这样的模范，或许一般人是不容易达到的，对于常人来讲，夫妻之间的结合未必能达到如此高的灵魂相契——然而这不是可以随便离婚的理由，反而说明婚姻、家庭是需要努力培育、维持的。

这个维护，从消极的方面来讲，或者说从最基本的要求来说，是要遵守道义的原则。在古代看来，义是对夫妻双方的要求；就现代而言，我们可以说义对于夫妻双方的要求是平等的。男女双方都要对婚姻保持忠诚，在婚姻之外，与其他异性发生不正当的关系，不仅是不道德的，而且触犯了法律，这一点古代人特别注重。比如，某一家庭中的男方与另一家庭中的女方通奸，是十分严重的事情，因为它是对两个家庭人伦的破坏，他们所受的惩罚都很严重。或许会有人指责，古代虽然对于家庭外的男女关系规定比较严格，但是家庭内部，却允许男人纳妾，这是明显的男女不平等。我们认为，这个问题应该如此来看。首先，一个基本事实是，古代并不是所有人都纳妾，在很长一段历史时期内，庶人是不能纳妾的，同时士大夫40岁以上，无子才可以纳妾。在稍讲修持的人（特别是宋明理学家）看来，纳妾的人在道德上是有亏的。其次，我们对待古代的文化，要吸收其中合理的因素，而不是天天揪着一些不好的东西不放。我们现在既然废除了纳妾制度，讲究男女平等，那么对于家庭而言，古代有关家庭之间夫妻道义的论述，就有重要的意义。客观地讲，现代社会的离婚率比古代要高，而其诱因，往往是夫或妻有出轨的行为。人们在追求“爱情自由”的同时，也往往假借“自由”之名，掩盖自己的欲望之心，并且罔顾这种行为会对家庭造成毁灭的事实，不少悲剧的发生也肇端于此。两个人一起生活，难免会有摩擦，因此家庭中的夫妻生活，与婚前男女朋友的生活还不同。男女朋友的状态，不和可以分手，没有那么大的压力，但婚姻生活有时就需要通过对道义的坚持来维持。夫妻双方的追求未必是一致的，但家庭总要有一个主导的发展方向，因此有一方必须要做出一定的牺牲或让步。比如，夫妻二人都喜欢文艺、清高的生活，厌恶凡俗的工作，可是总要有人为这个生活提供经济基础。在这里，不管男方还是女方愿意承担这个事情，他（她）的这个选择都是值得赞扬的行为。

从积极的方面来说，婚姻生活当然是一种和乐、融洽的生活。上段讲的道义，只是一个消极的原则，若真将之拿来贴在家中的墙上，恐怕效果会适得其反。换句话说，家庭的生活，特别是夫妻之间，不好用规则的方式来处理问题，而是应当将义的原则融入和乐之中。即使有矛盾，这时候未必要如同在法庭上一样非得把事情争辩得一清二楚。这个时候，相互包容或许更重要。当然，包容的基础还是二人要有感情。当一方对另一方感情很炽烈的时候，往往能接受另一方的一切，即便是错误的行为；但感情变淡之时，却一点小瑕疵都不能容忍。然而人的感情未必一贯地炽烈，故在家庭生活中，通过磨合、修养等方式，培养自己的包容心至关重要，特别是在男女都步入“更年期”的时候。我们前面提到《周易》讲到夫妻的时候以咸、恒两卦为代表，咸卦代表感情，恒卦象征婚姻家庭生活。恒卦的教导是夫妻双方要有常性和道义，但其初六爻的爻辞却说“浚恒凶”。为什么会有凶的结果呢？就是在家庭生活中，夫对妻或妻对夫，一上来就斤斤计较一些小事，非得求一个是非曲直，往往酿成大的矛盾。《颜氏家训》记载，萧梁时代有个官员，对待妻子太过严苛，妻妾都难以忍受，于是她们共同雇佣刺客把丈夫杀死了。这是个刑事案件，犯罪方是他的妻妾这是不可改变的事实，但丈夫显然也有责任。夫妻生活最后达到这种地步，可见夫妻之义的重要性。

古人讲到处理家庭生活的原则时，曾说过“门内之治恩掩义”（《礼记》），这适用于整个家庭，尤其适用于夫妻。夫妻之间首先求和睦，《关雎》中写“关关雎鸠”，这句诗其实有一个意象在里面，统领了整个《诗经》夫妻一伦的主旨，那便是和。古人对“关关”的解释就是雌雄雎鸠相和鸣之声。家庭若要取得一个持久的美满，夫妻任何一方要取得较大的成就、实现自己的价值，都离不开双方的理解、包容，离不开和谐。最后，可以用《诗经》中《女曰鸡鸣》一句诗来总结这一节的主旨和夫妻、家庭的理想状态：“宜言饮酒，与子偕老。琴瑟在御，莫不静好。”

二、孝悌为本，尊老爱幼

孔子的学生有若有这样一段话：“其为人也孝弟，而好犯上者，鲜矣；不好犯上，而好作乱者，未之有也。君子务本，本立而道生。孝弟也者，其为仁之本与！”（《论语》）这段话在《论语》第一篇第二章，为众人所熟知。其实《论语》在开始的显著位置安排这一段，也是在表明儒家对于人类行为之根本的洞见：孝悌，正是为仁之本，同时也就是人道之本，更是家道之本。

如果说家道的横轴是夫妻，那么纵轴即是父母与子女。一纵一横，一经一纬，才编织成完整、美满的家庭。只有夫妻而不繁衍后代，没有父母与子女的纵向关系，那么这个家庭可以说是仅一代而止，不具备时间上的绵延性，而这样的家庭是不完善的或未充分展开的。

从纵向来看，家庭的主要关系就表现为父母—子女关系，这种关系的规定性是“父慈子孝”；而子女之间的关系则主要表现为兄弟姐妹关系，这种关系的规定性是“兄友弟恭”。为人子当孝，为人弟当悌，合而言之即所谓孝悌之道。

就物种的繁衍来说，动物界也知道母子相承的这种关系，甚至知道依偎、慕恋母亲，而母亲也知道抚育子女。这是否是孝呢？很难说。但人类文明与此不同的是，将父母子女这样一个稳定的系统建立了起来，这是人类文明的一大飞跃，“但知有母而不知有父”从此被看成是禽兽的状态，《韩非子》中早就对这个飞跃做过描述。换句话说，在人伦的结构中，父亲和母亲的地位虽然同等重要，但最能凸显人伦之道的，是父子之间的关系。所以在孝的价值中，以“父子”概指父母与子女之间的关系。在这样一种关系中，每个夫—妻的单元在纵向上形成一个系统，犹如大树，有本有末，有干有枝。是故孝悌不仅是个体情感的表达，更是维系一个家族最重要的力量，推而广之，乃是维系整个社会的根本性力量。古代讲求“以孝治天下”，其实也是着眼于此。

如果说何种价值或文化最能体现中华传统的话，那么“孝”文化应当是首要的选择。古希腊文明固然也会讨论孝的问题，比如，柏拉图的对话《游叙弗伦篇》，就是记述苏格拉底对一位青年讲论孝道，探讨是否应该告发父亲的事。希伯来和基督教的教义中，也有对于父母孝敬的规定。然而在这些文化中，孝仅仅是德目之一，或者具体的伦理德性之一。而在中华传统文化中，孝具有一种根本的地位，或者说奠基性的意义。在这里，孝不仅是一种子女对父母的爱慕之情和应尽的伦理义务，还代表了一种根本性的人伦和社会关系。可以说，人类整体的存续就是孝的体现。所谓人类的存续包括几个方面：肉体生命、社会事业、精神思想。就肉体生命而言，我们人类是会死的，这在古希腊、基督教、佛教还有中国传统文化中，都是被认识到的事实。但与其他文明寄希望于转世、涅槃或复活以获得不朽等不同，我们的文化则将永恒寄托在生生不息中。子孙即是我血肉之传承，这种不断的传承，即是永恒。就家庭中“我”的身体而言，上承祖先，下传子孙，这也意味着我的身躯不是一个“私我”，我对于自己的身体并不具有完全放任自由的支配权利——这是与自由主义一个很大的不同。在某些文化传统中，一些人会觉得，“我的身体我做主”，只要我对社会没有造成恐怖和不良影响，自己私下对身体做自残的事情，都是可以被允许的。但在中国传统文化看来，一个人当然没有权利随便残害自己的身体，因为从严格意义上讲，这个身体是家族长流之中的身体之一，尤其首先是“先人之遗体”。故《孝经》开篇便说“身体发肤，受之父母，不敢毁伤，孝之始也”。

从社会事业来讲，孝的要求是子孙要善于继承父母、先祖的意志和事业。孔子说，判断一个人是否有德行，要看几个方面：他父亲在的时候，看看他的志向如何；他父亲死了之后，看看他做了什么——如果他三年之内没有改变父亲的事业和大道，那这个人就算是孝了。《中庸》更是指出：孝，就是善于发扬祖先的志向，善于继承先辈的事业。或许现代讲求“创新”的文明会不同意这一点，会认为这是传统文化落后、保守的根源。但仔细想一想，任何事业不都是由小到大，渐渐积累而成就的吗？事业的成就，必然要经过积累和坚持，否则只能是昙花一现。对于巨大的事业，更是需要数代的经营和努力。从后稷到武王，周是经历了多少代才伐商成功，才一统天下，而其后代的君王，又是需要怎样的努力，才能使事业不至于衰微。古人常说“耕读传家”，其实也表现了一种职业传承，一种志向的积累，期待在这样的传承中总有一代能取得显赫的成就。

也就是说，孝是一个整全的结构，正是如此，孝之为德，才能贯通家庭与国家，而古代的“以孝治天下”才得以成为可能。晋朝时李密作为前朝遗臣，为了奉养自己的祖母，写《陈情表》给晋武帝，拒绝出仕，声泪俱下:“臣无祖母，无以至今日，祖母无臣，无以终余年。母孙二人，更相为命，是以区区不能废远。”而当时的晋朝“以孝治天下”，故晋武帝终于答应了李密的要求，并赐予奴婢。

需要特别指出的是，孝不仅仅是一个单向的德目，尤其不是上对下的绝对权威和下对上的绝对服从。我们常讲“父慈子孝”，这就包含了对于父母和子女双方都有的要求。同时，并不是说子女对于父母的要求都必须执行和听从。比如，父亲有非常大的错误，这个时候并不是助长这种错误，而是要“谏止”，所以古代才会说“父有诤子，君有诤臣”。对于一个家庭来说，家长的决定并不总是正确的，这个时候，子女对于父母的劝谏，乃是一个家庭不至于出现大的动荡或破坏的基本条件。只是劝谏的时候，可以掌握一些艺术。因为父母与子女之间有天然的血缘关系，与君臣之间的进谏不同，如果太激烈，就容易伤感情。君臣之间以义合，劝谏不听可以离开，但父母子女这样的天伦却无法做到这一点。因而对于父母的规劝，是特别强调艺术手法的。家庭的原则是和谐，而不是完全按照规定来管理。

孝的灵活性还有一个表现，即如果冲突发生在父母子女之间，子女也不是完全被动的。比如，父母打子女，子女也不是任凭被打致死。这里面最有名的故事莫过于曾子。曾参有一次在瓜地里耘苗，一不小心伤了一棵瓜苗，其父曾点很生气，拿起棍子来就打，曾参也不逃避，被打得很惨，昏厥了过去。事后孔子评价曾参说：你这个行为貌似孝敬，其实恰恰相反。你的身体是父母的，自己不敢毁伤，即使被父母教训也应有度；另外如果被父亲一不小心失手打死，就铸成了父亲的大错，哪有做子女的却增长父母过错的。正确的方法应该是“小杖则受，大杖则走”。由此我们可以看到，传统的“二十四孝”里面的一些故事，未必完全符合孔子和儒家的精神，我们当今提倡家庭中的孝道，就不能天天把二十四孝挂在嘴边，而应看重儒家真正鲜活的源头活水是怎样的。

另一个有趣的例子是舜，我们知道尧、舜、禹是古代最有名的圣王，而舜作为王者，最著名的德行却是大孝。舜之孝“大”在哪里呢？他处在一个看上去十足恶的家庭环境中：父母、兄弟都是奸邪狠戾的人，天天想着如何杀他。但舜最后还是让父亲、继母、异母弟都减轻了罪过，家庭和谐，这确实不是一般人能做到的。但是舜有时也做看上去“不孝”的事。比如，尧帝将女儿嫁给舜的时候，舜并没有禀告他的父母。古代婚姻讲究“父母之命，媒妁之言”，不告而娶，是大大的不孝。但孟子解释说：如果告诉父母，以当时他们险恶的用心，肯定会千方百计阻挠，让舜孤老一生。不孝有三，无后为大，舜权衡再三，不告而娶能让先祖得到传承，这不仅不是不孝，恰恰相反，是大孝。

另外，我们说古代传统对于父母子女双方都有伦理的要求。父母一方，有所谓“严父慈母”的说法。作为父母，他们在家庭中也要注意处理好与子女的关系。虽说子女对父母有服从的义务，但父母一方也要注意自身行为。首先，应该以身作则。其次，虽然作为一种“自然权利”，父母的地位比子女高，但这种“高”还意味着比子女担负有更大的责任，要求更高的和宽厚的德行。特别是尽量少在小问题上与子女计较。子女本着一颗敬爱之心去侍奉父母，父母本着一颗宽宏之心去善待子女，双方以恻怛不已之诚相接，这是最理想的人伦家庭之道。

三、严谨持家，勤劳节俭

中华民族的优良传统之一，是勤劳朴实。而“勤俭持家”也是绝大多数中国人所尊奉的治家原则。

俗话说：“一分耕耘，一分收获。”这句话虽然普通，却包含着关于人生、家庭和社会的至理。即便是圣人，也仍以此为宝训。周代的圣人周公（姬旦）在告诫、辅佐他的侄子成王时，专门有一篇文章叫作《无逸》。里面讲到商代之所以灭亡，周代之所以能够革命成功，就在于商纣王和群臣们的奢侈豪华、纵欲败德。他告诫周成王，一定要知道稼穑的艰难，一定要节俭勤劳，不可有所放逸，否则会重蹈商代纣王的覆辙。这篇文章因其关于勤劳节俭的教训而成为《尚书》最有名的篇章之一，开篇的“君子所其无逸”更是脍炙人口。治理天下尚且如此，更何况治理一个家庭呢?

如果仔细分析，勤劳节俭包含着“勤劳”和“节俭”两层意思，前者是属于“开源”，后者属于“节流”。勤劳是财富生产过程中的品德，节俭是财富积累和保有过程中的品德，两者相互配合，才能成就财富的增加。一般说来，勤劳的人通常比较节俭，因为他们多能体会到财富来之不易；而不亲自劳动得财的，则比较挥霍。如《红楼梦》中的薛蟠，他们家本来就是做与官府有关的生意，财富雄厚，故薛蟠号称“呆霸王”，除了说明他傻，还说明他奢侈浪费。再如秦可卿死的时候，依规格使用上等杉木也就可以了，贾珍却买下薛蟠转售的上等金丝楠木棺材，“祖父积，子孙弃”在他们这里表现得淋漓尽致。“历览前贤国与家，成由勤俭败由奢”，这句格言绝不是一句空话。

勤劳的主要意义，从字面来看，两个字都含有一个“力”字，这说明勤劳需要人用力，需要做工。对于家庭来讲，勤劳包括许多方面：辛勤劳动、努力工作，为家庭提供丰厚的收入和经济来源，固然是勤劳；而悉心侍奉父母、抚育子女，也是勤劳；即便如洒扫庭院、整理家务这样的小事，也是勤劳精神的体现。曾国藩是晚清重臣，德行、学问、事功、官品俱高，他有如此大的成就，对人生有深刻的体悟，这些和勤俭持家的家风密不可分。现在社会上多传习曾国藩的家训和家书，其中一个很突出的特点，便是曾氏对于保持农业劳动的执着。他给弟兄以及子侄的书信中常常提到有关农业劳动的事，教育他们应该不忘农业之本和勤劳之修炼，每天当亲自拾粪、喂猪、下田等。曾国藩的祖父曾经留下八字家训：书、蔬、鱼、猪、早、扫、考、宝。所谓书即读书，蔬即种植蔬菜，鱼、猪即养鱼、喂猪——这四者说的是劳动内容。而早、扫是修身，考是敬慕先考、承先辈之志，宝即“仁亲以为宝”，善待邻居之谓。稍有过农村劳动经验的人都知道，在旧社会村落的自然经济条件下，养鱼、喂猪这样的劳动，不仅辛苦，而且还比较脏。养鱼要挖池塘、洒粪；喂猪需要打扫猪舍。曾氏偌大一个家族，自然不缺少这些用度，然而曾氏如此遵循教诲，并用以教育弟兄及子侄，出于两个考虑：通过劳动锻炼他们的骄奢习气，使之体会到劳动的不易，由劳动身体进而磨炼灵魂。曾国藩在中国历史上是理学名家，然曾氏的理学毫无空谈性理、肤泛不切的习气；与之相反，他的理学一洗浮华之风，转归朴实。理学讲存理克欲、变化气质，如果仅仅通过静坐反省和谈论，往往是不能达到效果的。特别是许多人在静坐的时候思想很纯明，到了应对事物之时又不济或不清明了，这反倒不如直接做一些切实的劳动来磨炼自己。在曾氏看来，学问即在伦常和民生日用之中，耕田、喂猪这些事情固然磨炼的是身体，但其实也是使人戒掉骄奢淫逸之气的重要手段。

孟子谓“志壹则动气，气壹则动志”，说的就是身体修炼与精神状态之间有相互影响的关系，后来的“劳动改造”与此有一定程度的类似。劳动会产生成就感和充实感，人们通过劳动创造价值，从而实现自己的价值，获得一种美感。我们现在生活在一个高度分工的社会，每个人的劳动强度似乎是很大的，以至于许多人都没有时间从事最基础的体力劳动，如耕田、打鱼等，甚至现在连家务也都去请保姆或钟点工来做。我们当然有不少理由，比如，工作已经很忙、很累了，有必要雇佣其他人来做家务。可是，我们却花很大的力气去健身房和瑜伽馆。在现代社会里，挣钱的身体和用以磨炼的身体分开了，生产和消费分开了，每个人都成了某种意义上异化的自我，而家庭也从自然的状态中剥离出来，成了每个异化的个体所组成的家庭。为了显示我们对于身体的支配，以及强化对于身体的感觉，人们出入各种刺激欲望的场所，宣示着自己对于身体的主权。却不知越是如此，身体越是背叛我们，让我们在孤寂的潮流中迷失。这时候，反不如在践行书、蔬、鱼、猪时能体会到宁静和充实。

就家庭关系而言，勤劳更有其意义。懒散闲逸，容易使人精神涣散，从而引起家庭矛盾，而勤劳则不然。人类组成家庭和社会，就是通过劳动的形式连接在一起的。从男女来看，家族中的女性负责采集，男性则负责狩猎。狩猎必然是通力合作才能完成，一般就是氏族成年男子通力合作。进入农业社会，耕地、水利等劳动显然也是需要合作才能完成的，基本的单位就是家庭中的男丁。通过劳动，人们能形成一个有意义的整体，家庭关系亦因此而更加稳固。

与勤劳相关联而又有区别的另外一种家庭美德是节俭。家庭的积累来之不易，自然需要节俭来保持，而与节俭相对的是奢侈。孔子曾就二者发表过议论：奢侈容易导致不谦虚，节俭过度容易导致固陋。与其不谦虚，我宁愿选择固陋。可见孔子是崇尚节俭的。而且从这里我们可以看出，节俭不仅仅是为了经济的目的即增加财富，而是关系着一个人的德行臧否，以及家庭、国家的成败兴衰。奢侈的人，不仅仅是吃穿用度的过分，而且意味着自己欲望的不节制。一旦欲求不满，便会产生更大的攫取，动荡因此产生。就一个人的德行而言，节俭恰恰是锻炼自己自我控制力的一个好途径。

正因如此，历代贤人、伟人莫不以节俭作为“传家宝”。颜之推在《颜氏家训》中专门指出，人们靠耕种来获得食品，靠桑麻得以衣着，再加上一些畜牧业和林业方面的劳作，一个家族如果能够勤劳节俭，是可以自给自足的。颜之推本是南人，却对南方的奢侈相当痛恶，盛赞北方朴实，“能躬俭节用，以赡衣食”。伟大的史学家、北宋名臣司马光曾专门写过一篇《训俭示康》，即是告诫他儿子司马康节俭的重要性。司马光本人极为简朴，从小就不喜欢华丽的饰品和器物。当时宋代商品经济飞速发展，市场繁荣，上至达官贵人，下至贩夫走卒，莫不追求奢靡。比如，人们走在大街上，如果不穿件丝织品都不好意思抬头；请客吃饭，各家竞相攀比酒水和食品的华美，士大夫家请客甚至要提前一个月准备食材，包括珍稀难得的美酒、四方的珍馐等。司马光位至宰相，不阿于俗，以节俭治家，井井有条，司马光举张文节的话说："由俭入奢易，由奢入俭难。"此语传诵至今，脍炙人口。所谓奢侈，就是将人的欲望无节制地放纵下去。虽说人人皆有良知，但是欲望的力量也是很强大的，会侵蚀灵魂中高贵而自由的部分。一不小心，失去防检，人的欲望便会挣脱藩篱，毫无目的和节制地驰骋，直至最后毁灭。欲望是无底洞，而现实又恰恰难以满足人们的欲望，当两者之间产生冲突，往往会产生争夺、犯罪等行为。

在现代社会，节俭的训示更具有警醒作用。司马光那个时代的奢侈与当今相比，简直不值一提。我们现在所处的这样一个消费时代，其成立的基础就是交换和消费的欲望。我们自身存在的价值，也被一些人以消费能力来衡量。比如，一个人拥有许多的货币储蓄，但他没有通过衣着、住宅、行动等消费体现出来，他似乎也算不得那么成功。我们的经济增长政策，也是以不断地扩大需求、刺激消费来进行。但问题是，人们的欲望有一个特点：易疲倦。当一种新的消费点普及开来时，欲望会感到厌倦，感知会麻木。为了继续有感觉，欲望会驱使人们不断创造新的消费点。于是各种商品争奇斗艳，人们不断地尝试各种欲望的突破所带来的快感。传统的价值早就被抛诸脑后，哪怕偶尔被回忆起来，其实不过是以此为幌子创造某种新的欲求点，这都是不断竞逐奢侈所造成的后果。

这种奢侈，对于家庭的危害尤其大。如果家庭的每个成员都以奢侈用度为追求目标，那么势必会产生冲突。在欲求面前，家庭的温情脉脉被撕碎。我们就举很常见的例子：赌博导致了许多家庭妻离子散。同时，家长追求奢侈的风气还很容易影响或传递到下一代，孩子从小就在这样的环境中浸染的话，将来如何成德成才？

如果说节俭仍偏于经济的角度，那么从整个精神气质上来说，与节俭相类似的持家方法则是“严”。有句俗语叫“国有国法，家有家规”，说的就是治家、治国都需要有一定的规矩，此即“严”的表现。《周易》有家人卦，其中说道：“家人有严君焉，父母之谓也。”意思是说，家庭中，父母具有十分重要的位置，他们的话具有权威意义。对于古代的大家族来说，严尤其重要，因为其内部成员复杂，管理一个家庭不啻于一个小村落。是故家长必须要有权威、讲规矩，才不会败坏整个家庭。《红楼梦》里面的宁、荣两府，就是极其讲规矩的，王熙凤协理宁国府的时候，能够暂时将之治理得井井有条，改变了以前宁国府因循苟且的风气，就是用“严”。而最后宁、荣两府乃至四大家族的衰败，也是因为没有认真奉行严谨、节俭、勤劳的家风。

然而需要注意的是，对于一个家庭来说，并不是一味的严谨、节俭就好。家庭最理想的应当是一种中和的状态。《周易》有一卦叫作节卦，是专门讲节制和节俭之德的，但卦辞首先就告诫道：“苦节不可贞。”也就是说，过于节俭乃至于自苦和自虐，是不正确的。就经济来说，人们的生活自然当节俭，但过于节俭，容易走向吝啬和鄙陋。人类的生活，需要有文采来彰显，在重要的节日或神圣的场合，不壮丽不足以展示其隆重和威严。

就严谨而言，一个家庭讲规矩固然不错，但这种规矩的讲求应是从大处着眼，就大节来讲求其严格，而对于一些小事，则不能斤斤计较。因为家族与国家相较，虽然在权力结构、组织管理、严格要求方面有一定相似之处，但是在社会组织或者机构中，人与人之间未必有血缘关系，所以他们之间称作“以义合”；而家庭之中则不然，父母子女兄弟之间有血缘关系，夫妻之间有感情关系，在这些关系中过于苛刻都会影响自然的感情，不利于家庭和睦。前面举到《颜氏家训》里面记载妻妾共同雇凶谋杀严苛丈夫的例子，就是一个教训。不止夫妻之间如此。父亲虽说以“严父”为规定，但“严”并不意味着做一个暴君，而是以身作则去影响子女。所以瞽叟这样的父亲，天天以杀害或虐待舜为事，《书经》称其为“顽”即冥顽残暴，而不是“严”。在现代社会中，我们尤其应当注意“严父”不应当成为家庭暴力的借口。古人其实对此早有反思，比如礼教本身，是讲究名分，偏重于严格的精神，但“严”讲得太多容易伤害感情和关系和谐，故又有“乐”来补救。“乐”的精神就是和同的精神，也就是要穿破一些桎梏、陌生和壁垒，促进心灵之间的交流。一个理想的家庭，必然是礼乐各当其分的家庭，既有秩序又其乐融融，既节约又不吝啬，这就是中国家风流传千年的中道精神。

四、继志述事，注重家声

我们常用的“家风”一词，是从气息上来表明一个家族或家庭的风格、德操或精神状态，而这个词也常常用“家声”来代替。风与声，是关于家道之影响的两种描述形式。《尚书·毕命》说：“彰善瘅恶，树之风声。”就是统治者通过赏善罚恶来确立典型，对人们产生影响就像风和声音一样。一个个体、一个家庭的行为都不是孤立的，其操行总是会产生一定的影响，就像风和声音一样，为人们所感受到或听到。

一个家族确实会在繁衍过程中产生自己独特的风格或精神面貌。比如，我们会盛称北宋杨继业一家“满门忠烈”，这是就德操而言。如果我们将家族的起源往更久远的时代追溯，则每种职业都是由固定的家族来承担，许多手艺是父子相继的，这种职业的传承，甚至成为一个家族的名称，即姓氏。如卜氏最初因占卜官而得氏，糜氏最初因种植糜子而得氏。古代社会某家族长久地担任某个职位或保持传承某种技艺，就成为该家族在社会和政府中定位自身的标志。这种职业的习得，还容易形成某种精神状态。一般说来，一个家族家风的形成，往往始自其初祖或者中间某个强有力的人物。

比如，周王室的兴起从后稷开始，后稷的圣德已经给周王室定下了调子。据《诗经》记载，后稷出生的时候便“克岐克嶷”，即十分聪慧有德行，动物都来保护和照顾他。在他很小的时候就掌握了种植农作物的技术，后来曾担任帝尧的“农业部长”。大禹治水之后，洪水退却，后稷教导人们重新种植作物，人民赖以生存繁衍，这是了不起的大功德。要言之，后稷留给他们这个家族两个主要家风：一是以生民为念，二是以忠信为本。这些家风，都被他的后代所继承，随着德行的积累，终于达到文王、武王那样的繁盛。后稷的后代古公亶父，率领族人和百姓与戎狄为邻的时候，时常受到戎狄侵袭，开始古公亶父予以财物，戎狄仍不满足，于是古公明白戎狄所想要的是他们这块土地。为了不引起杀戮，他主动地撤离这个地方另找栖身之所，老百姓扶老携幼地跟随着他迁移，这被史家认为是后稷德行的重光，同时也预示着周这一族的复兴。古公有三个儿子——泰伯、虞仲和季历，其中小儿子季历所生的儿子有圣德，故古公想传给三子以传孙。泰伯和虞仲知道父亲的心意，就主动放弃君位继承权，逃到吴越，断发纹身，甘愿做蛮夷之民——这样季历再也无法推让了。孔子称赞泰伯的德行之高已达到了极点，再也无法用语言来称赞。泰伯、虞仲的这个行为到底好在哪里呢？一是他们看出了父亲的意思而成就之，这是大孝，即《礼记》所谓“先意承志”。二是他们知道家族将会在季历的儿子姬昌那里发扬光大，故选择让位以成就文王，成就整个家族和天下，这是一种开阔的胸襟、谦让的品格，也是一种高瞻远瞩的智慧，无怪乎孔子要赞不绝口了。试比较后世那些为争夺皇位或家产，兄弟间、父子间自相残杀，乃至把家业或天下败坏掉的人和事，实在令人不胜唏嘘。

我们之所以注重家风、家声，首先它是孝文化的体现。我们前面一节讲到了家道的“孝悌为本”。而所谓大孝，则要像《中庸》所说的那样，“善述人之志，善继人之事”，即善于秉承先人的意志，善于发扬先辈的事业。我们前一节还提到了“父子一体”，对于一个古代人来说，他既上承父，又下传子，所以“父子一体”的结果就是整个家族成为一体，这样一个绵延的脉络也成为一体。通俗一点说，我们日常生活中如果与别人吵架，最忌讳或惹人恼怒的，便是辱骂父母和祖先。因为祖先与自己是一体的，甚至比自己还要重要，辱及先人也就是侮辱了整个家族。《诗经》说：“夙兴夜寐，毋忝尔所生。”这首诗展现了人们日夜操劳、勤勤恳恳，都是为了不辱没父母和先人的名声。家族积累的名声和风气，不仅仅熏染着后代，而且也常常给后人以前行的力量，照亮前行的道路。我们还可以举一个例子，明末清初的大儒王夫之不仅仅是一位大哲学家，而且还是一位志向卓绝、铁骨铮铮的人，为了不与清朝合作，他备尝各种疾苦，不管是面临生命的危险、肉体的痛创还是精神的压力，他都矢志不渝。那么，到底是什么支持着他如此坚强的行为呢？其中之一便是“毋忝尔所生”的信念。他曾作《章灵赋》自剖心迹，里面首先追溯自己的家世、家风，展现了作为明朝之臣的忠孝节义。

我们之所以注重家风、家声，其次是因为对于一个家族来讲，它的繁盛、有名望不是一下子就达成或出现的，而是一代又一代的人脉、资源的积累，最重要的是德行的积累。《易经》有“积善之家必有余庆，积不善之家必有余殃”的说法。我们或许不相信因果报应，但一个人的行为，确实是会给后代产生影响的。这种影响未必是直接的，而是内在于家族精神的传承中。大凡一个家族或一项事业，多是从微到著，从小到大。保持一个好的家风，使每代人都秉承此家风来做事情，自然会使家族的根基越来越深。或许因为时运的影响，某一代人未必能做出大事业，但根基既牢，只要有机会，家族就会振兴。历史上这种例子可以说不胜枚举。

或许有人会疑问：以上这些只是古代人的看法和事迹，我们现代社会家族已经解体，只剩下小家庭和原子式的个人，还有必要讲求这些吗？我们的回答是：只要有家在，就有家风在。每个人都有自己的父母，再上推之，父母又各有他们的父母，他们在立身行事的时候总有独特的风格，并且希望将好的作风流传到下一代。对小孩子不能放任自流，而教育首先是先辈对小孩进行的家庭教育，这其实就是家风的传承。当今社会，人们越来越孤立，而家风、家声的提倡，则如吹向家人、吹向每个个体的一缕春风。

第六章

家风与社会建构

在中国古人看来，齐家、治国、平天下是一体的，离开家庭后即走向社会，因此社会是家庭的延伸。家庭是伦理道德的培养基地和实践场所，一个人如果在自己家里受到了良好的教育，那么，无论他到社会上担任什么角色，都不会失德或失礼。因为礼的具体仪文在家庭和社会中虽有所区别，但是内在精神却是一以贯之的。中国古代传统观点认为：对父母孝顺的，对君王就忠诚；对兄长敬重的，对长辈就恭谨；对子弟慈爱的，对晚辈、民众就仁和——这就叫“君子不出家而成教于国”。家庭教育在整个国家和社会的政治生活中具有不可或缺的作用和影响，注重家风、家教不仅是个体家庭及家族巩固和发展的需要，而且是国家和社会稳定的先决条件。所以古人曾经说“苟家人之居正，则天下之无邪”，“家之正则国之定”，身修家齐，才能社会和谐，国家稳定。家风塑造的目标，不仅仅是针对家庭内部的传承与发展，更是指向着良好社会秩序的建构。

一、里仁为美，近善远佞

对于个人成长而言，除了个人修身、家庭环境之外，社会环境的熏染也非常重要。因此，在中国传统文化中，除了注重格物、致知、诚意、正身的自身修养，也极为重视外部环境对人的影响。

《论语·里仁》开篇就讲："里仁为美，择不处仁，焉得知？"其中，"里"就是乡里，孔子认为，比邻而居的街坊邻居比什么都重要，处雅得雅，处仁得仁，处善得善，因此，如果不选择好的居处环境，是不能称为"智"的。荀子认为环境对于人的养成更为重要，他认为人性本恶，因此后天的学习、熏陶就成了改变人之本性的唯一方式，而环境就像染料和麻田一样，对塑造人的本性至关重要。他说："蓬生麻中，不扶而直。白沙在涅，与之俱黑。……故君子居必择乡，游必就士，所以防邪僻而近中正也。"君子居住要选择好的地方，外出交往也要接近贤士，以防误入歧途。孔子似乎不太看重自然环境，但却将人文环境列为首要条件，这正是儒家人伦至上的体现。人依赖物质而生存，而人的成长与需求则远远超越了物质层面。

大儒孟子对环境改变人的气质深有体会，他曾对齐王的儿子感慨道："居移气，养移体，大哉居乎！"王子出生时也和普通人一样，只是由于从小生活居住的环境不同，使得后来的谈吐气质与一般人有所不同。孟子本人也是"里仁"的受益者，我们熟知的"孟母三迁"的故事讲的就是这个道理。

孟家原在马鞍山下的鬼村，山麓坟茔到处都是，村中儿童追逐嬉戏，不时看到丧葬的情形，也三五成群地模仿大人们的礼仪，扮演丧葬仪式。孟母看在眼里，为了不影响孩子，唯一的办法就是变更居住环境。经过一番周折，孟家母子从鬼村迁到了十里外的庙户营村，这里是一个“日中为市”的交易集市，每逢一、三、五、七单日，远远近近的百姓们手拎肩挑一些土特产来到集市交易，讨价还价，喧嚣热闹。这场面对孩子来说是颇有吸引力的，耳濡目染，孟子和其他一些孩子也学会了锱铢必较。孟母忐忑不安，她不愿儿子沾染唯利是图的市侩气，发愿一定要选择一个适合儿子成长的环境，于是住了半年后，她第三次把家搬到了邹城的学宫附近，虽然房子破旧不堪，但是孟母带着儿子还是安安心心地定居下来。学宫附近常常有读书人来往，高雅的气韵，从容的风范，优雅的举止与循规蹈矩的礼仪行为，都给附近居民不少潜移默化的影响，尤其是初解人事的孩子们，常群集在大树底下，演练学宫中揖让进退的礼仪，有模有样，呈现一片庄严肃穆的景象，这使得孟母内心深处大为高兴：“这才是孩子们最佳的居住环境！”也因此，邹城成了儒家的故乡，孟子成为继孔子之后的大儒，世人称为亚圣，影响了中国传统文化的走向。

择邻交友本身不属于家内人际关系范畴，但它对家庭自身的管理、教育、家风等都有重要影响。正是在这个意义上，如何处理邻里关系，交什么样的朋友，就构成家庭道德生活的重要内容。孔子说“里仁为美”，“里仁”首先是要有仁人，所谓“近朱者赤，近墨者黑”，与什么样的人相处，相处久了多少会受到感染，对于小孩子而言更是如此。

北齐的颜之推在《颜氏家训·慕贤》中说，人在年轻的时候，精神性情都还没有定型，和那些情投意合的朋友朝夕相处，受到他们的熏染，人家的一言一行、一举一动，虽然没有存心去学，但是潜移默化之中，自然跟他们相似，何况操守德行和本领技能都是比较容易学到的东西。因此，与善人相处，就像进入满是芝兰的屋子中一样，时间一长自己也变得芬芳起来；与恶人相处，就像进入满是鲍鱼的店铺一样，时间一长自己也变得腥臭起来。墨子因看见人们染丝而感叹，说的也就是这个意思，所以与人交往一定要慎重。

谚语说：“生我者父母，成我者朋友。”儒家正是看到了朋友是人活在世上除家人外最亲密的一环，故而将之列入“五伦”。朋友之间的亲密关系、深厚友谊，不但是个人事业成功、生活幸福的重要因素，也是一个家庭兴旺的关键因素。古代先贤充分认识到交友对个人和家庭的重要性，看到“友分益损”，因而十分强调在交友时必须慎择，要“结有德之友，绝无义之朋”。荀子说：“匹夫不可以不慎取友。友者，所以相有也。”

交友是人生的一件大事，结交良友会给个人和家庭带来诸多益处，结交恶友则会给个人和家庭带来无穷祸患。怎样慎重选择朋友呢？虽然每个人的标准可能不尽相同，但有一些普遍原则是要遵循的，这便是近善远佞，即选益友而断恶朋。东晋时期的葛洪在《抱朴子·交际》篇中说：“且夫朋友也者，必取乎直谅多闻，拾遗斥谬，生无请言，死无托辞，始终一契，寒暑不渝者。”可见，具有刚直不阿、诚实可信的品质，以及博学多才的朋友，都是我们的益友，而那些善于搞歪门邪道、阿谀谄媚的损友，我们要断然离开他们。

对于如何区分朋友，古人也自有分判，我国明代学者苏浚曾把朋友分为四类：道义相砥，过失相规，畏友也；缓急可共，死生可托，密友也；甘言如饴，游戏征逐，昵友也；利则相攘，患则相倾，贼友也。在苏浚看来，人们应当结交在道义上、学业上互相砥砺，对缺点错误敢于直言规劝的“畏友”，以及以心相交、生死与共的“密友”；不结交相互吹捧、吃喝玩乐的“昵友”和以利取人、当朋友遇到困难或不幸时落井下石的“贼友”。

《钱氏家训》提出：“小人固当远，断不可显为仇敌；君子固当亲，亦不可曲为附和。”这里还有一种人生智慧在其中。我们要远小人，但也要防止小人成为仇敌；要亲近君子，但还要掌握一个度，不能阿附。所谓

“君子之交淡如水”，真正的朋友不是在一起吃喝玩乐，互相吹捧，而是真心相助，相互砥砺。

应该说，古人之所以重视“里仁”，重视乡里风俗，一个重要原因还在于乡里是中国社会重要的基层组织，承担着重要的社会职能。如何和待乡邻，与人为善，这是传统家风关注的话题，也是构建良好社会秩序所须面对的话题。

二、和待乡邻，与人为善

人无时无处不与他人相处，家庭也不是独立存在的，它存在于社会关系之中，存在于邻里的相互交往之中，一个家庭如何待人接物，直接反映出这个家庭的家风、家貌。因此，如何处理好邻里关系，历来是家庭建设的一个重要内容。邻里关系是一个家庭与邻里及其他家庭之间的关系，虽然彼此间没有必然的血缘关系，但在家庭交往中必不可少。与邻里的种种关系是人不可避免的经常性关系。邻里关系和睦融洽，不仅可以创造一个和谐的小环境，保证各自家庭成员心情舒畅，而且在特定情境中还可以为各自的家庭排忧解难。相反，不和谐的邻里关系，会制造生活中的紧张气氛，平添许多不必要的麻烦。中国古代家训、家风十分重视家庭与乡邻的关系。

被朱元璋赐以“江南第一家”美称，并在此后屡受旌表的郑氏家族，因其孝义治家的大家庭模式和传世家训《郑氏规范》，在中国传统家训教化史上具有重要地位。《郑氏规范》载：“和待乡曲，宁我容人，毋使人容我。”乡曲就是乡邻，这里就是强调对乡里要有容人之度，包容乡里，自己努力做好自己该做的，不要让别人以一种包容的态度来待我。《郑氏规范》这种态度背后反映的是儒家所讲的“忠恕之道”，即“己欲立而立人，己欲达而达人”和“己所不欲勿施于人”。明代著名思想家高攀龙在《高子遗书》中专门告诫子弟，要平等对待乡邻，不能因为对方贫困弱势、己方富贵强势就欺负邻里。

邻里之间应本着“以仁为美”的伦理传统，和睦相处，获得好的生活环境。传世经典《菜根谭》中有一段话教我们在处理人际关系时要以诚待人，很有借鉴意义，书中说：“遇欺诈之人，以诚心感动之；遇暴戾之人，以和气熏蒸之；遇倾邪私曲之人，以名义气节激励之；天下无不入我陶冶中矣。”待人首先要用心去换心，以真诚去缔造真诚，以友谊去缔造友谊，才能得到别人对你的真诚。

对于待人以诚，贾谊在《新书》中讲过一个故事，令人感动。梁国有一位叫宋就的大夫，曾经做过一个边境县的县令，这个县和楚国相邻界。梁国的边境兵营和楚国的边境兵营都种瓜，各有各的方法。梁国戍边的人勤劳努力，经常浇灌他们的瓜田，所以瓜长得很好；楚国士兵懒惰，很少去浇灌，所以瓜长得不好。楚国县令就因为梁国的瓜好，怒责楚国士兵没有把瓜种好。楚国士兵心里忌恨，于是夜晚偷偷去翻动梁国的瓜，以致梁国的瓜总是枯死。梁国士兵发现了这件事，于是请求县尉，也想偷偷前去报复，翻动楚营的瓜田。县尉拿这件事向宋就请示，宋就说：“唉！这怎么行呢？结下了仇怨，是惹祸的根苗呀。人家使坏你也跟着使坏，怎么心胸狭小得这样厉害！让我教给你一个办法，一定在每晚都派人过去，偷偷地到楚国兵营，在夜里好好地浇灌他们的瓜园，不要让他们知道。”于是梁国士兵就在每天夜间偷偷地去浇灌楚兵的瓜园。楚国士兵早晨去瓜园巡视，发现都已经浇过水了，瓜也一天比一天长得好了。楚国士兵就感到奇怪，查看后才知是梁国士兵干的。楚国县令听说这件事之后很高兴，于是详细地把这件事报告给楚王。楚王听了之后，又忧愁又惭愧，把这事当成自己的心病，于是告诉主管官吏说：“调查一下那些到人家瓜田里捣乱的人，他们莫非还有其他罪过吗？这是梁国人在暗中责备我们呀。”于是楚王拿出丰厚的礼物，向宋就表示歉意，并请求与梁王结交。楚王时常称赞梁王，认为他能守信用。所以说，梁楚两国的友好关系，是从宋就开始的。

这个故事虽事关两国关系，却仍是放大了的邻里关系，一个家庭与另一个家庭，一国与另一国，其中自有相通性，它很形象地告诉我们，当邻里间发生纠纷时应该怎样处理，那就是本着一颗诚心，去和待乡邻，与人为善。

事实上，在对待邻里问题上，我国的先贤们积累了许多待人接物的经验和规范。流传下来的诸多家规、家训不乏这样的文字记载。如袁采的《袁氏世范》对于如何处理与邻里中各种不同人群的关系就做了详细说明。袁采列举了四条，在第一条中，他特别强调要善待年老的妇女。我们知道，在古代社会，妇女往往较男子长寿，晚年如果得不到照料就会变得孤苦伶仃，所以袁采专门谈到要照料善待年老的妇女。第二条则是谈对待一般老人，尊老应该是邻里的基本态度，即使有些老年人德性不佳，也应该最大程度地宽容他们。用今天时髦的话说，袁采在这里处理的是“坏人变老了”的问题。第三条强调与邻里相处要有“中道”原则，做到“和易”，不能妄自尊大，尤其是要掌握与人相处的分寸，不能过分亲昵或无度以至于伤害对方。第四条则更为细致，讲家中的小孩如何对待邻里的财物，要求不但不能擅自损坏别人的财产，反而要小心看护，同时也要看管好自己的财物，省得财物受损后去责怪邻居。可以说，袁采的这些“劝诫”充满了生活智慧，注意到了生活当中可能发生的很多细节问题。

另外，关于处理邻里关系，曾国藩也有很多富于智慧的言论，他在家书中曾告诫家人，“富贵之家不可敬远亲而慢近邻”，“居官不过偶然之事，居家乃是长久之计”。古代社会，一个家族长期居住在一个地区，人们安土重迁，更有“荣归故里”的观念，在这种情形下，与同在某一区域的乡邻和睦相处也就变得十分重要，所以曾国藩强调不可“慢近邻”。现今社会，虽然搬家已经变得频繁，但是，近邻依旧十分重要，尤其是现在家庭单子化，远亲逐渐消失，邻里之间的相互沟通、打破陌生人社会的尴尬就变得更为重要。最近，一则新闻再次引起大家对陌生人社会的反思。据东方网报道，一个老人去世6年无人知晓，令人唏嘘。怎么样避免这种状况呢？最可行的办法无疑是建立邻里之间的互助系统，对古代乡邻文化进行创造性转化、创新性发展。事实上，这种人际的陌生性不仅仅在中国存在，很多发达国家也同样面临类似的问题，比如我们的近邻日本。因此，中国古代智慧所提示出的方向，具有某种普遍意义。

从以上内容我们不难总结出，中国古代对待乡邻的一条重要原则即是“与人为善”。“与人为善”语出《孟子》：“取诸人以为善，是与人为善者也。故君子莫大乎与人为善。”“与人为善”原意是赞成人学好，特别是从别人身上发现好的地方，协同别人一起做好事，把别人的善表彰出来，到后来“与人为善”也指善意地帮助别人。

我们在前文所举的郑氏家族，他们作为江南大家族，拥有很多土地，但也不因此仗势凌人，而是要求子孙能够照顾乡邻，与人为善。《郑氏规范》特别强调，不能因为加息加重乡党的负担，要在合理的范围内保证家族的利益。郑氏家族还设立“义冢”，安葬没有子孙的乡党。对于老弱之人按时赈济，对于缺乏食物的邻里要适当救济，生了小孩还要给予额外帮助。除此之外，《郑氏规范》还有很多关于帮助邻里的规定。

这种对待邻里的态度，某种意义上可以说是儒家义利观的世俗化体现。董仲舒讲“正其谊不谋其利，明其道不计其功”，落实到具体的世俗生活当中，就是上述家训、家风表现出的对待邻里的态度。古人的世俗训诫中也体现这些内容，如《名贤集》中说，“与人方便，自己方便”，“侵人田土骗人钱，荣华富贵不多年。莫道眼前无报应，分明折在子孙边”。帮助别人也就是帮助自己，而损害别人的利益，也会影响家族的福报。儒家伦理价值落在世俗层面，具有了一定的功利的表现形式，但总的来说是劝善惩恶的。

三、明事知礼，尊师重道

中国自古有礼仪之邦的美称，无论社会生活还是家庭生活，古人在具体细节上都有着明确的礼仪要求和行为模式。古训曰："人无礼而不生，事无礼而不成，国无礼则不宁。""德以叙位，礼以定伦"，在古代社会，礼仪是关系每个人道德素质的大事。礼从敬从和，它以促进人际交往友好和谐，达到与别人和睦相处为目的，在人与人之间、家与家之间架起一座情感的桥梁。

对于这一特点，宋希仁主编的《家庭文化》概括为："古人认为'让'是衡量一个人是否真正知礼的重要标准。先人后已、礼让为先，目的是以'和为贵'，达到不争不乱。这就要求个人和家庭在处理各种人际交往关系时要有恭敬、谦让的精神和行为，以此来提高个人和家庭的道德修养，保持人际关系的和谐顺畅。古代先贤还认为，举止庄重，进退有礼，仪容可观，是关系到个人尊严及立足于社会的大事。因此，对于人的行走坐卧、衣冠容貌、周旋礼让等都进行了详细的规定。"

在中国古代社会生活中，礼分为礼经、礼制、礼俗等几个层面。礼经指的是记载礼仪的典章，主要是《周礼》《仪礼》《礼记》。礼制则是国家制度层面的安排。礼俗是礼经、礼制落实到日常生活中的表现。在某种意义上，家风、家训反映了礼俗的各个方面，儒家对礼的理解，通过家风、家训融入世俗生活当中。

如果我们读一下《红楼梦》，就会发现里面有许多有关家风、家礼的描述。贾家是一个封建大家族，日常生活有一套很完善的家教、家礼。我们这里可以举《林黛玉进贾府》中的一段，来仔细看一下幼承庭训的黛玉，是如何内敛得体以及明事知礼的。

黛玉在见过贾母后，邢夫人带她去见大舅贾赦。贾赦没来，叫人传了一番安慰林黛玉的话，林黛玉“忙站起身来一一听了”。舅舅的吩咐，她一句一句听了，而且是急忙站起来听。其实，这只是丫鬟代传舅舅的话，舅舅本人并不在跟前，但她还是要“站起来”听，而且还用了一个“忙”字，其恭敬知礼可见一斑！接着邢夫人“苦留”林黛玉吃饭，而林黛玉笑着回答：“舅母爱惜赐饭，原不应辞，只是还要过去拜见二舅舅，恐领了赐去不恭，异日再领，未为不可。望舅母容谅。”这话说得到位，面对邢夫人的“苦留”，林黛玉是笑着推辞，而且推辞得既有理，又有分寸。先说舅母让我在这里吃饭，我不应该推辞，接下来说出不能留下吃饭的理由——“要过去拜见二舅舅，恐领了赐去不恭”。从大舅家出来，林黛玉到了二舅居住的正房。屋内正面炕上横设一张炕桌，王夫人却坐在西边下首。王夫人见黛玉来了，便往东让，黛玉只是向椅子上坐了。王夫人再三让她上炕，她方挨王夫人坐了。这似乎是很寻常的让座，仔细琢磨却很不寻常。炕桌东面上首空着，王夫人只坐下首，说明林黛玉对王夫人起居室的观察非常细致。不仅如此，她一边看还一边细想，这上首空着的位置当是舅父的位置，所以王夫人让她坐在上座、首席，她坚辞不坐，而且主动坐到看来是给孩子们准备的椅子上。王夫人再三让她上炕，如果拒绝王夫人的好意似乎显得太过生分；如果傻呆呆地就上座空着的位置坐了，肯定会有失体统。乖巧的林黛玉选择的是“挨王夫人坐了”，坐到王夫人身边，既不越矩，又亲切自然。在这一细节的拿捏上，林黛玉做得多么有分寸！

《论语·季氏》说：“不学礼，无以立。”儒家历来注重礼仪，不仅规定了国家的典章制度和人际交往的礼节仪式，就连行、走、坐、卧以及举手投足等也做了规定。所谓站有站相，坐有坐相，走有走相，睡有睡相。这个标准就是“站如松，坐如钟，行如风，卧如弓”。古人的这些礼仪规范，对生活在现今的我们仍有很强的现实意义。我们知道，一个人的文化素养高低，往往可以从他的行为举止中流露出来，而非徒有其表，因此，对过于自我放纵的不少人而言，学习传统礼节仪式不失为自我修养的一个路径。

与“明事知礼”相关的是“尊师重道”，通过老师习得经典、获得智慧，进而传承家族、化民正俗。“师”在古代社会生活中作用独特，是“传道授业解惑者”，是人要效法的典范，关系着文化的传递。所以古代对教师极为尊崇，古人讲“天地君亲师”，师和天地君亲一样，都是值得我们尊重的。《吕氏春秋》讲“事师之犹事父也”，关汉卿甚至讲“一日为师，终生为父”，认为要像对待父母一样对待老师。在古代的丧服制度中，还要专门为师服心丧三年。

《礼记·学记》载：“师严然后道尊，道尊然后民知敬学。”师与道是直接关系在一起的。荀子曾指出：“国将兴，必贵师而重傅；贵师而重傅，则法度存。”《后汉书·孔僖传》谓：“臣闻明王圣主，莫不尊师贵道。”尊师重道成了实现良好治理乃至太平的一种必要。

古代关于尊师重道的故事很多，大家比较熟知的有张良与黄石公的故事、程门立雪的故事等。应该说，在尊师重道上，并无帝王与普通人的区分。古代帝王之家对“师”看重的并不鲜见，一个突出的代表就是唐太宗。唐太宗非常重视对子女的教育，他给几位皇子选择的老师都是德高望重、学问渊博之人，如李纲、张玄素、魏徵、王圭等，而且一再教导子女一定要尊重老师。有一次，李纲因患脚疾，行走不便，当时皇宫内制度森严，官员不要说坐轿，就是出入也是诚惶诚恐的。唐太宗知道后竟特许李纲坐轿进宫讲学，并诏令皇子迎接老师。还有一次，唐太宗听到有人反映皇四子李泰对老师王圭不尊敬，他当着王圭面批评李泰说：“以后你每次见到老师，如同见到我一样，应当尊敬，不得有半点放松。”从此，李泰见到王圭，总是好好恭迎，听课也认真了。

普通人家对于老师也是十分重视。《任氏家训》就把“尊师重道，敬长礼朋”放在比较靠前的位置。曾国藩在给弟弟的信中说：“吴竹如近日往来极密，来则作竟日之谈，所言皆身心国家大道理。竹如必要予搬进城住，盖城内镜海先生可以师事，倭艮峰先生可以友事，师友夹持，虽懦夫亦有立志。”在曾国藩看来，有了师友的切实帮助，懦夫也能立志，成就自己。曾国藩本人的老师就特别多，他以古为师，甚至以敌为师，真正做到了“三人行，必有我师焉”。曾氏后裔中人才辈出，长盛不衰，正与尊师密切相关。

四、宽厚谦恭，抱诚守真

宽厚与谦恭是中国传统文化的基本精神之一。古人与他人交往，不仅仅在外在言行上有较高要求，更强调内心的态度，只有如此才能真正做到对人谦恭。儒家讲诚、讲赤子之心，道家讲真，都是强调一种人生态度。《尚书》讲“满招损，谦受益”，认为自满之人一定会自损，谦虚之人则可受益。《国语》讲“唯厚德者能受多福，无德而服者众，必自伤也”，不能做到宽厚，即使有福也不可能承受。

古代家风、家训自觉继承了这些道理。东汉樊宏告诫自己的儿子：“富贵盈溢，未有能终者。吾非不喜荣势也，天道恶满而好谦，前世贵戚皆明戒也。保身全己，岂不乐哉！”这就是发挥“满招损，谦受益”之意，告诫子孙要谦恭以保持家族。富贵而不谦恭，在他看来足以败家。

一个家庭的环境营造，除了房屋选址、室内装饰、择邻而居外，还有一项更重要的，那就是宽厚的家庭氛围。宽厚是爱，是信任，只有在宽厚的家庭氛围中生活，每个人才能身心健康。袁采在《袁氏家范》中说，亲戚骨肉失欢，因小事而导致终生不和，多是由于争吵之后，互相斗气，不肯放下面子而造成的。朝夕相处，不能没有摩擦，有了摩擦后，如能心平气和地与对方讲和，才会解除隔阂，相好如初。处理社会人际关系仍然如此，我们为人处世，正该像《菜根谭》中所说的："处事让一步为高，退步即进步的张本；待人宽一分是福，利人实利己的根基。"

儒家历来主张在待人接物时要宽宏谦恭，这在一定程度上有利于维持和促进人际关系的和谐。《易传》云，"坤厚载物，德合无疆。含弘光大，品物咸亨"。大意是说大地广袤深厚，涵养万有，无所不包含，无所不载持，万物承受它的恩德，皆顺畅亨通。有德行的贤人君子也应当像大地那样，具有宽厚的心怀。而唯有宽厚，才能兼容万事万物，与人友好相处，故孔子曰："宽则得众。"认为宽宏谦恭对于增加人与人之间的相互了解，维护人际关系持久和谐非常重要。

关于如何做到待人宽厚谦恭，儒家有一些具体的行为规范。首先，不以恶意猜测人。《大戴礼记》中说"君子不先人以恶，不疑人以不信"，说的就是人与人之间应当有基本的信任，不心怀恶意，不妄自猜疑。其次，主张师人之长，反对嫉妒别人。"见贤思齐焉，见不贤而内自省也"，说的是见到有才德的人要努力学习，反之则要进行自我反省。"己善，亦乐人之善也；己能，亦乐人之能也"（《大戴礼记·曾子立事》），反对嫉妒他人。再次，不能求全责备，勿言人短，责人勿苛。子贡曾经问孔子：君子也有所憎恶吗？孔子说有，并说他最厌恶的就是"称人之恶者"，他反对抓住人的缺点不放，主张"君子以人治人，改而止"。荀子说，"与人善言，暖于布帛；伤人以言，深于矛戟"，韩愈也主张"取其一，不责其二；即其新，不究其旧"（《韩昌黎先生集·原毁》），说的都是这个意思。最后，不念旧恶，以直抱怨。《春秋公羊传·庄公十三年》中赞扬齐桓公宽宏大度，“要盟可犯，而桓公不欺；曹子可仇，而桓公不怨。桓公之信著乎天下”，而孔子也曾经对商朝末年孤竹国君的两个儿子伯夷与叔齐“不念旧恶，怨是用希”的行为表示肯定。曾子认为别人如有非礼和侵犯，君子不应同他一般见识，要“犯而不校”。

儒家的这种待人宽厚的态度是人际和谐的润滑剂，它能增进友好，促进和谐。当今社会条件下，一方面，人与人之间的联系非常紧密，人际交往更加频繁；另一方面，社会成员更加追求个性化，生活方式日益多元化。因此，在人们的交往中就更加需要这种宽厚谦恭的待人态度，人与人之间多一分理解，这样才能和谐友好地共同生活于一个社会大家庭中。

传统家风、家训在处理人际关系上，除了强调要宽厚谦恭外，还要求人们做到抱诚守真。西汉的韩婴在《韩诗外传》中说：“与人以实，虽疏必密；与人以虚，虽戚必疏。”与之相应，清代的金缨在《格言联璧·处事》中说道：“以真实肝胆待人，事虽未必成功，日后人必见我之肝胆；以诈伪心肠处事，人即一时受惑，日后人必见我之心肠。”这些都要求我们在待人处事上要用心真诚。

中国古代把诚放于一个极高的位置，义理上是如此，历史上也流传着无数以诚感人的故事。东汉章帝建初八年（83年），班超被任命为将兵长史，以徐干为军司马，另派卫侯李邑护送乌孙国的使者，赐大小昆弥以下锦帛以结乌孙。谁知道李邑是个胆小鬼，他行至于阗的时候听闻龟兹国正在攻打疏勒，竟然因为畏惧而不敢继续前往，为了掩饰自己的懦弱，还上书朝廷，罗列种种理由说西域之功必不可成，诋毁班超“拥爱妻，抱爱子，安乐外国，无内顾心”。班超听闻后，感叹道：“身非曾参而有三至之谗，恐见疑于当时矣。”毅然让妻子离开了自己。汉章帝聪明睿智，能明辨是非，接到表章后下诏责备李邑说：“纵超拥爱妻，抱爱子，思归之士千余人，何能尽与超同心乎！”还下诏给班超“若邑任在外者，便留与从事”，让李邑受班超节制，以表示对班超的信任。班超接到诏书后，等李邑一到疏勒国，就马上派遣李邑带着乌孙国的侍子返回洛阳。班超的副手徐干不解地对班超说：“邑前亲毁君，欲败西域，今何不缘诏书留之，更遣他吏送侍子乎？”班超答道：“是何言之陋也！以邑毁超，故今遣之。内省不疚，何恤人言！快意留之，非忠臣也。”人毁之而能不报，为国尽忠而不惜自己遭受诋毁，班超的高风亮节让徐干心悦诚服。

从班超的身上我们看到了一个“诚”字。诚既包括对己，又包括待人。从社会来说，人际合作之所以能进行、社会之所以能存在发展，都是因为诚。我们可以想象，如果人与人的基本关系是互相欺骗而非互相信任，人们相互间的欺骗行为多于诚实行为，那么人与人的合作将无法存在，社会也必将崩溃。

可以说，“宽厚谦恭，抱诚守真”是中国古代世俗伦理的一个基本向度，也构成了古代家训、家风的一项基本精神。

五、救难济贫，助人为乐

中华民族是一个仁爱而热情的民族，乐善好施历来是中国社会备受推崇的美德，现在所说的慈善精神，中国古已有之。对社会上的贫弱困苦之人的救济，是早在先秦时期就已存在的现象，不仅国家很早就有救荒平粜、恤老慈幼的相关制度，民间个人、宗族和宗教团体等的慈善救济行为也层出不穷。

在传统的家风、家训中，有关救难济贫、助人为乐的表述亦甚为常见。如《钱氏家训》说：“家富提携宗族，置义塾与公田；岁饥赈济亲朋，筹仁浆与义粟。……信交朋友，惠普乡邻。恤寡矜孤，敬老怀幼。救灾周急，排难解纷。修桥路以利人行，造河船以济众渡。兴启蒙之义塾，设积谷之社仓。”

在中国，传统的社会救济是指国家和社会对鳏寡孤独及生活无着者无偿提供物质帮助和设施服务。历代的社会救济制度都因贫困而设，因此社会救济思想首先包含对贫困的理解和态度。“贫”有缺乏、贫乏的意思，“穷”是困境、困窘的意思，“贫”与“穷”的意思不完全相同。《论语》曰：“贫而无谄，富而无骄。”可见贫与富相对应，而穷与达相对应。在我国，贫者除物质上匮乏外，还指缺乏家族邻里的帮助。《孟子》曰：“老而无妻曰鳏，老而无夫曰寡，老而无子曰独，幼而无父曰孤，此四者天下之穷民而无告者也。”

中国自古以来就讲求宗族成员之间要吉庆相贺，“生相亲爱，死相哀痛”。事实上，在救难济贫的问题上，除国家救助之外，更多的救助活动是发生在同一宗族之间的。《管子·问篇》所载“问国之弃人何族之子弟也”，“问乡之贫人何族之别也”，即反映了这个情况。同一宗族成员之间，都有“相保”“相葬”“相救”等责任和义务，以维护宗族小团体的稳定与繁衍，所以《仪礼·丧服》说：“大宗者，尊之统也；大宗者，收族者也，不可以绝。”

要强宗固族，就得庇护家族成员，抚恤和救助贫困的族人。故《白虎通义》指出：“大宗能率小宗，小宗能率群弟，通其有无，所以纪理族人者也。”这样，富者有救济贫者的义务，才使得贫者不至于流离失所，宗族才能起到收族的作用，所谓“尽散家资，以分宗里故旧之贫羸者”“赏赐以贩施贫族”等都是此种情况。

后世宗族中出现了一种常见的宗内救济形式，即义庄。其中较为有名的是“范氏义庄”。范氏义庄为范仲淹所创，位于今苏州境内，持续800余年，一直到清宣统年间还在发挥作用。义庄保证族人的基本生活需要，给族人提供的救济有以下方面：领口粮、领衣料、领婚姻费、领丧葬费、领科举费、租借义庄房屋、借贷。同时，附设义学供族人子弟免费入学。义庄的功能涉及人的生老病死各个方面，保障一族之内的人的基本需求，可以说是儒家在基层实践的一个典范。

中国古代的慈善精神源于家庭，但也不囿于家庭，这是儒家秉持的重要信念。对于人与人之间的关系，宋代理学家张载的《西铭》表达得最为清晰，他说："乾称父，坤称母；予兹藐焉，乃混然中处。故天地之塞，吾其体；天地之帅，吾其性。民，吾同胞；物，吾与也。大君者，吾父母宗子；其大臣，宗子之家相也。尊高年，所以长其长；慈孤弱，所以幼其幼；圣，其合德；贤，其秀也。凡天下疲癃、残疾、茕独、鳏寡，皆吾兄弟之颠连而无告者也。"张载建构了一个"天下一家"的宇宙社会观。在他看来，乾卦至健，代表自强不息的精神；坤卦至顺，代表厚德载物的品性；乾坤精神是宇宙演化运动的内在动力，万物生生不息的终极根源。在宇宙万物之中，天地相互交感而创生万物，至诚无私地庇养万物，是乾坤精神的最伟大体现者，故堪称人类万物共同的父母。

张载认为，人类和万物则共同禀受天地而生，故自我和他人为相互依存的血脉同胞，万物和人类是亲密无间的友好伙伴。他还用比喻形容所有人之间的关系：百姓是我的同胞、我的兄弟姐妹，天子是父母的嫡长子，而大臣则是嫡长子的管家。所谓的圣人，是指同胞中与天地之德相合的人，而贤人则是其中优秀之辈。尊敬年高者，乃是为了礼敬同胞中年长的人；慈爱孤苦弱小者，乃是为了保育同胞中的幼弱之属。天底下无论是衰老或有残疾的人、孤苦无依之人或鳏夫寡妇，都是我困苦而无处诉说的兄弟姐妹。保育他们，是子女对乾坤父母应有的协助。如此地乐于保育颠连无告之兄弟姐妹而不为己忧，是对乾坤父母最纯粹的孝顺。张载重构了宇宙中一切存在者的亲和关系，可谓古代仁爱精神最凝练的表达。古代仁爱精神除了表现为"救难济贫"外，"助人为乐"也是题中之义。

助人为乐作为社会公德的重要信条，就是大力提倡"利他"的道德情操，把帮助他人作为自己的快乐。“助人为乐”也是我们民族优秀道德传统的重要方面，特别是儒家所倡导的仁爱精神成为“助人为乐”理念的道德基础。我们知道，儒家崇尚仁爱情怀。孔子用“爱人”来阐释“仁”的内涵，并强调“泛爱众而亲仁”。孟子据孔子之意，直接提出“仁者爱人”的命题。儒家的“仁爱”精神，其本质在于强调“利他”。孔子所谓“己欲立而立人，己欲达而达人”“己所不欲，勿施于人”，孟子强调“老吾老，以及人之老；幼吾幼，以及人之幼”，都表达了“博爱大众”的情怀。这种情怀，在本质上同“助人为乐”相融相通。它要求人们在履行道德义务时，发扬利他精神，提倡对他人给予关爱。《礼记·礼运》篇所描述的“大同理想”，集中体现了儒家的仁爱情怀：“大道之行也，天下为公，选贤与能，讲信修睦。故人不独亲其亲，不独子其子，使老有所终，壮有所用，幼有所长，矜寡孤独废疾者，皆有所养……是谓大同。”这个“大同理想”所设计的“讲信修睦”的人际关系，渗透着儒家的仁爱理念，表达了儒家对老者、壮者、幼者以及“鳏、寡、孤、独、废、疾者”的普遍关爱，它是我国古代助人为乐思想的集中体现，成为我们民族历代志士仁人所认同的社会公德。

今天，我们坚持以人为本，构建社会主义和谐社会，特别需要大力弘扬乐善好施、助人为乐的道德情操。这既是社会文明进步的需要，也是个体道德升华的外在表现。我们生活在社会主义社会的大家庭中，人与人是平等互利、互相关爱的关系。这种关系需要大力提倡“我为人人，人人为我”的精神，“人人为我”是以“我为人人”为条件的，如果一个人老是斤斤计较个人利益，不愿对他人做出奉献，那么，他也就无权接受他人对自己的奉献。同时，社会主义的人道主义还要求我们对社会上的老、幼、病、残、孤、寡之人以及为自然灾害所困的人们给予扶持与帮助。因此，作为社会主义中国的公民，尤其需要继承和发扬我们民族“博爱大众”“助人为乐”“同舟共济”的道德情操，让社会主义精神文明大放异彩。

第七章

家风与国家治理

在中国传统文化中，“修身、齐家、治国、平天下”一体并建，个人、家庭、国家、社会这四者并不是断裂、隔离的，而是被联成一体的整体结构，因此，家庭的风气和国家发展治理也必然有着直接而深入的互动影响。在古代，家庭、宗族往往是构成一个国家统治最为基础的力量，因此家庭的教育、风气建设都被历代士人和开明的统治者所重视，其与国家治理紧密相关。及至现代化文明程度比较发达的今天，家风仍然是一个国家现代化、精神文明面貌、文化进步发展的重要内在尺度，影响到整个社会血肉肌体的运作。古往今来，每一种开明、进步的文化，都提倡承继优良的家庭传统，在家庭教育中融入爱国意识、责任意识，从小培养廉洁奉公、勤于政事等高尚情操，儒家更是以家国一体并建作为自己的基本信念，以期最终实现“天下大同”的理想社会。

一、鞠躬尽瘁，忠君爱国

自古以来，大凡道德楷模、经世能人，都离不开优良的家庭教育和家庭氛围的培养和熏染，而家庭成员的成败、荣辱也直接影响着一个家族的兴旺发达或者堕落衰败。推而广之，在以宗族为社会稳定结构基石的古代社会，经世者也无不希求以好的传统文化教育子孙后代。从个体的责任而言，古代社会一般强调忠君的精神，而当下社会则体现为对国家的热爱，无论哪种诉求，最高行为表现都是“鞠躬尽瘁”的精神。

在中国历史上，周文王、周武王结束了商代的残暴统治建立了周朝，后世儒家常将文武之治作为中国政治文明的历史典型，历史记载中充满着对从文王到武王、周公等人家庭传承的宝贵精神的歌颂。司马迁《史记》记载，周文王之父季历在位时励精图治，使得周国在诸侯、部落中的地位不断提升，周文王继承王位后，遵从祖先后稷、公刘建立的事业，效仿先祖古公和父亲季历的治国方法，形成了“笃仁，敬老，慈少，礼下贤者”的社会风气，同时把国家治理得更加强盛、更加富足、更受周边民族的拥护。

据清华大学公布的楚简《保训》篇，可以看到周文王不仅自己继承了先辈的治国理念、方法，一生尽力尽责、鞠躬尽瘁为将来打败商朝完成了丰厚的物质、政治、人才储备，还很惦念家族、国家未来的发展，并临病授命于武王。故事大意是说，周文王在位最后一年的时候，有一次得了很严重的病，他预感到自己可能命不久长，担心没有足够的时间向继承人传授宝训。于是一天，他把太子，也就是未来的周武王找来，说：“我得了很严重的病，可能没有时间对你加以训诫、培养了。过去人们都会传承‘宝训’，你也必须要背诵下来。现在我的病比较严重，你要把我的话记住。要恭恭敬敬地做事情、治理国家，不要放纵自己。”接着还以大舜勤于治国、毫不懈怠而受到尧的赞赏和百姓爱戴的故事，教育、勉励周武王。周武王即位后，果然没有辜负周文王的期望，成功带领国家打败商纣王，获得牧野之战的最后胜利，开启了新的时代。

从这个故事，可以看到周文王极其重视并以身作则，传承自己周族的文化和治国方法，并以之教育、培养子孙后代，使他们成为统治国家的核心力量。从另外一件事情，同样可以看到周文王、周武王家族的优良传统始终不变。据《尚书 · 金縢》记载，周朝战胜殷商后的第二年，周武王生了重病，身体不安。太公、召公两位辅助大臣说："我们为王恭敬地卜问吉凶吧！"周公说："不可以向我们先王祷告吗？"于是，周公就把自身作为抵押，清理出一块地方，在上面筑起三座祭坛，又在三坛的南方筑起一座台子，自己面向北方站在台上，同时放着玉，拿着圭，向太王、王季、文王等先祖魂灵祷告，说："你们的长孙姬发，遇到险恶的病。假如你们三位先王在天上有助祭的职责，就请用我姬旦的身体来代替武王吧！我柔顺巧能，多才多艺，能奉事鬼神。你们的长孙姬发，不如我多才多艺，还不能奉事鬼神。并且，他在天帝那里接受了任命，取得了四方，因此才可以安定好你们在人间的子孙。天下的老百姓也无不敬畏他。唉！不要丧失上帝降给的宝贵使命，我们的先王也就永远有所归依。现在，我来命于大龟，你们允许我，我就拿着璧和圭归向你们，等待你们的命令；你们不允许我，我就收藏璧和圭，不敢再请了。"于是卜问三龟，都重复出现吉兆。周公于是说："根据兆形，王会没有危险。我就向三位先王祷告，只图国运长远；现在期待的，是先王能够俯念我谋国长远的诚心。"周公回去，把册书放进绳索束着的匣子中。第二天，周武王的病就好了。

从这个事例可以看到，周族统治集团内部，比如召公、周公等人，都能够竭尽全力辅助周王，关键时刻宁可牺牲自己生命，以维护国君的生命安全。正是在周公等人的辅佐下，周朝才比较顺利地稳定了新得来的天下，平定叛乱，采用新的制度、政策，最终实现了周朝的繁荣昌盛。周文王、周武王、周公三人的故事，可谓古代忠君爱国之典范。

"鞠躬尽瘁，死而后已"这句话是三国时期蜀国诸葛亮的名言，出自他的千古名篇《后出师表》。这句话是说诸葛亮一生尽心竭力，小心谨慎，把自己的生命和全部力量都贡献给了蜀国。诸葛亮的故事通过《三国演义》的流传，在中国几乎家喻户晓，他本人也成了智慧与忠诚的象征，陈寿在《三国志·蜀书·诸葛亮传》中评价说：“诸葛亮之为相国也，抚百姓，示仪轨，约官职，从权制，开诚心，布公道。尽忠益时者，虽仇必赏；犯法怠慢者，虽亲必罚；服罪输情者，虽重必释；游辞巧饰者，虽轻必戮。善无微而不赏，恶无纤而不贬，庶事精炼，物理其本，循名责实，虚伪不齿。终于邦域之内，咸畏而爱之，刑政虽峻，而无怨者。以其用心平而劝戒明也。可谓职治之良才，管萧之亚匹矣。然连年动众，未能成功，盖应变将略，非其所长欤！”陈寿之语是对诸葛亮一生准确、简明、全面的概括，突显了诸葛亮在国家治理中安抚百姓、明示法度、精简官职、因事制宜、以诚待人、秉公办事、竭尽忠心并受到百姓爱戴的光辉形象。

诸葛亮一门三兄弟（兄诸葛瑾、弟诸葛均）均有大成，兄长诸葛瑾投奔吴国孙权处，成为吴国重臣；诸葛亮、诸葛均投奔蜀国，也建立非凡的功绩。诸葛兄弟的成才之路也得益于自己的宗族，尤其在父亲早年去世之后，叔父诸葛玄承担起培养他们的重任。这种承前启后的家庭传统，在诸葛亮自身也有着十分明显的表现，比如他的另一篇文辞精粹、语义丰赡的著名短篇《诫子书》，文曰：“夫君子之行，静以修身，俭以养德。非淡泊无以明志，非宁静无以致远。夫学须静也，才须学也，非学无以广才，非志无以成学。淫慢则不能励精，险躁则不能冶性。年与时驰，意与日去，遂成枯落，多不接世，悲守穷庐，将复何及！”这篇短文，从修身、处世、治学、成才等人生重要课题出发，提出了宁静、俭朴、养德、冶性等重要原则。可见，诸葛亮本人成就了一番治世能臣的丰功伟业，其背后有着深厚的渊源，《诫子书》里说，君子以宁静来提高自身的修养，以节俭来培养自己的品德；不学习就无法增长才干，没有志向就无法使学习有所成就；放纵懒散就无法振奋精神，急躁冒险就不能陶冶性情……实际上就是诸葛亮本人的真实写照，也是诸葛家族家风的重要内容。

“鞠躬尽瘁，死而后已”这句话是对一个人的责任感、事业心的高度褒奖，在古代是忠于自己的职责、忠于自己的国家、忠于自己的宗族的最好体现，因为“忠君爱国”是中国古代传统伦理中最高的道德标准，尤其是以治国平天下为原则的儒家、士族知识分子，更视其为无可置疑的人生信仰，并被古代家风所珍视与传承。所以元代郑太和在《郑氏规范》写道：“子孙倘有出仕者，当早夜切切以报国为务，抚恤下民，实如慈母之保赤子。有申理者，哀矜恳恻，务得其情，毋行苛虐，又不可一毫妄取于民。若在任衣食不能给者，公堂资而勉之。其或廪禄有余，亦当纳之公堂，不可私与妻孥，竞为华丽之饰，以起不平之心，违者天实临之。”又如清代朱伯庐《治家格言》说：“读书志在圣贤，为官心存君国，岂计身家？”在古代家风熏染下，爱国人物、故事数不胜数，已经成为中华文化的重要组成部分，其代表者如写下千古名句“先天下之忧而忧，后天下之乐而乐”的范仲淹，“位卑未敢忘忧国”“苟利国家生死以，岂因祸福避趋之”的林则徐；而“岳母刺字”与“精忠报国”的精神已经沉淀到民族精神之中，例如在抗日战争时期，这些精神成为激励中华儿女抵抗日本侵略者的不竭动力，杭州栖霞岭南麓的岳飞墓乃至神州处处埋藏的忠骨，无不成为人们敬仰、凭吊的流连之地。

在古代，忠君爱国是传统政治最高、最基本的信条和政治原则。一般来说，二者是统一的，因为君主是德性与国家的代表，是一个国家最核心、最重要的人，承担了治理天下的责任和使命，因此忠君即是爱国。《诗经·北山》说：“溥天之下，莫非王土；率土之滨，莫非王臣。”这是说普天之下皆是王土，四海之内皆是王臣，皇帝是天下之共主。因此，相对于尧、舜、禹代表的禅让制度，自大禹以后到清代的古代政治模式被有些学者称为“家天下”。古代的爱国者往往对君王的忠诚是一体无二的，不过也留下一些“愚忠”的形象，告诉我们爱国也需要讲究理性精神，非同于民粹主义和排外主义，这一点也是中国传统家风传承的“爱国精神”的精髓，即“天下观念”，它追求的是所有人、所有民族的和平、和睦以至于达到天下大同、寰宇尽欢的理想世界。

二、奉公守法，恪尽职守

奉公守法与恪尽职守是中华民族优秀传统的重要内容。前者是就社会的良好运转对每一个社会人的基本要求，后者主要是从职业的角度对每个人提出的具体要求。二者是经过长期历史发展、社会实践检验的具有普遍社会道德内涵和行为原则的共识，而这也是中国传统家风所强调的内容。

据司马迁《史记·廉颇蔺相如列传》所述：“以君之贵，奉公如法则上下平，上下平则国强。”这大概是“奉公守法”一词的最早出处，也和一个著名的历史人物及其典故紧密相关。

战国时期，赵国有位著名的将军赵奢，他以功劳卓著被赵惠文王赐封“马服君”，由于受封“马服君”，后来他的子孙遂以“马服”为姓，后改单姓“马”，中国百家姓中的马姓便是以此为重要源头。赵奢能够位极人臣，离不开其非凡的才能与过人的智慧，而实际上他更为人称道的是良好的个人品质，《史记》中有一段很有趣味的故事：“赵奢者，赵之田部吏也。收租税而平原君家不肯出租，奢以法治之，杀平原君用事者九人。平原君怒，将杀奢。奢因说曰：‘君于赵为贵公子，今纵君家而不奉公，不奉公则法削，法削则国弱，国弱则诸侯加兵，诸侯加兵是无赵也。君安得有此富乎？以君之贵，奉公守法则上下平，上下平则国强，国强则赵固，而君为贵戚，岂轻于天下邪？’平原君以为贤，言之于王。王用之治国赋，国赋大平，民富而府库实。”赵奢原只是一个普通的负责收税的官员，而他面对的平原君实际上早已名闻天下，是战国时期著名的四公子之一，具有深厚的王室贵族背景，为赵武灵王之子，惠文王之弟，和魏国的信陵君也有姻亲关系。当时平原君和其他战国公子以及大臣一样，喜欢招揽门客充实自己的实力，平原君素有礼贤下士之名，故门下食客多至数千人，多次在赵国和其他国家的政治、外交、军事危机中发挥重要作用。而赵奢能够在此情况下，不阿谀奉承、趋炎附势于平原君，在当时也比较少见。从他掷地有声的话“法律削弱，国家就衰弱”，“国家衰弱，诸侯就趁机发动战争，赵国也就不存在了”，可见其深刻认识到法律对于国家强盛至关重要的作用，法则直接关系到赵国的生死存亡。在执行法律方面，赵奢认为，贵族及其家臣应该成为遵守法律的榜样，可以凭借其尊贵的地位、无穷的榜样力量，使得法律能够在全国范围内得到落实，这样国家就会得到良好的治理，如若不然，则必然致使国衰民弱。赵奢的据理力争，获得了平原君的谅解和称赞，赵奢也因此被推荐成为管理全国赋税的重要官员。

由此可见，赵奢是一个能够严格遵守国家法律、恪尽职守的官员，在遇到贵族违规犯法时，敢于采取果断措施予以纠治和劝服。赵奢对平原君的劝诫、说服，还展现出赵奢是一个具有长远眼光与博大胸怀的人，所以他在担任全国性赋税官员的时候，很快使得赵国百姓收入得到增加而国家府库越发充实。汉代著名学者桓宽在其名著《盐铁论》中评价说，“公族不正则法令不行，股肱不正则奸邪兴起。赵奢行之平原，范雎行之穰侯，二国治而两家全”，即把赵奢和秦国著名宰相范雎并举，高度评价了赵奢对于赵国法制的施行做出的贡献。

南宋徐钧咏史诗所言：“北山据险最能兵，中外俱闻马服名。满谓将门还出将，不知有子误长平。”赵奢为赵国内理朝政，外拒强兵，立下汗马功劳，列国无不闻名。然而，历史上还有一件颇为遗憾的事情，也出自赵奢的家族，那就是以“纸上谈兵”、玩忽职守著名的赵括，在长平之战中因指挥不力而导致赵国大败，种下灭国祸根。赵括是赵奢之子，也许是受到家庭的影响，年幼的赵括也对兵法十分感兴趣，经常和人谈论战争战略，常常认为天下没有人能够比得上他。有一次，赵括和父亲在家里谈论排兵布阵，连赵奢也没有难住他，不过，赵奢并不就此认为儿子懂得兵法之道。赵括的母亲询问何故，赵奢说：“战争，关系着将士生死存亡的大事，而赵括竟然说得如此轻易。假使赵国不使用他就罢了，若用他为将，让赵军被攻破、失败的也正是赵括。”公元前260年，赵国和秦国军队在长平对峙，由于赵王执意任用赵括代替廉颇，导致战役最后失败。赵括身死兵败，赵国自此再无抗秦之力。赵奢犀利地指出了赵括不知道带兵打仗所肩负的重要责任，在态度上便有轻忽之心；蔺相如则看穿了赵括的军事才能其实仅仅是读了赵奢遗留下的兵书，即便是能够巧舌如簧地谈论，也不能掩盖他严重缺乏实践经验的缺陷，更何况他还不懂得灵活应变。赵括和他父亲相比，远远缺乏待人的亲和力以及和将士同甘共苦的精神，尤其不具有恪尽职守的品质，而整天追逐私利。赵奢与赵括刚好形成对比，一个名闻天下，一个臭名远扬；一个奉公守法、克己奉公，一个刚愎自用、轻忽职守。

鉴于历史上类似赵奢父子的事例一再重演，因此中国家训中大都有一条，即要求子孙们为官奉公守法，恪尽职守，并与平时言行修养结合起来。如吴作人本宗《吴氏宗谱》载：“敦俗尚：民风系国家盛衰，有移风易俗之志音，以身挽之可也。是故俗贵俭朴，责浑厚，贵退让，责奉公守法，戒起灭，戒赌博，戒贪淫，戒游手好闲。”此外，一般家谱、家训中比较强调诸如“大公无私”“至公无私”“舍己为公”“克己奉公”“奉公守法”“公私分明”“公而忘私”等精神，并且很多都强调，违反家规、家训的子孙死后都不准许葬入祖先坟茔之中，这在古人是一条极重的惩罚。

以古论今，当代社会也不能避免赵括式的悲剧、赵奢式的遗憾，主要原因可以归结为没能做到严以律己，蔑视法律的威严，没能依照宪法和法律行使权力、履行义务、坚守职责。自古毁誉，自可以发生在一瞬之间，但终究潜伏日久，非一日之功，而家风之熏陶与培育则可谓长远之计，奉公守法、尽职守责，当从家风家教始。

三、勤于政事，谦敬恤民

不管是古代中国，还是现代社会，对于国家治理都十分强调勤政爱民的优良传统。自中国文化发源起，勤于政事、谦敬恤民就已成为衡量一个官员的评价标准，自然也成了古代家风家教的重要内容之一。

尧、舜、禹时期，大禹治水三过家门而不入成为中国政治文明发端时期的代表性执政形象；周文王、周武王、周公为处理周朝事务、安定天下，也常常宵衣旰食、通宵达旦，并从殷商灭亡的教训中认识到“敬天保民”的重要性。而后则在先秦时期兴起了民本思潮，提出了“民惟邦本”“民贵君轻”“立君为民”等概念，如《尚书》云:“欲至于万年，惟王子子孙孙永保民。”中国政治实践的重要结论，即是认识到重民、贵民、安民、恤民、爱民的政治根本所在，如唐太宗说:“可爱非君，可畏非民，天子者，有道则人推而为主，无道则人弃而不用，诚可畏也。”

自古以来，在皇帝中就有很多勤政的典型形象，据史书记载，秦始皇有时每天看的竹简写成的奏章重量达六百斤左右，明太祖朱元璋，清朝皇帝康熙、雍正也都是历史上著名的勤政的皇帝。不过从正反两个方面看，正如贾谊《过秦论》所言“仁义不施，而攻守之势异也”，秦始皇虽然十分操劳，却没有看到天下百姓的民生疾苦，以至于三世而亡。纵观历代皇朝兴衰灭亡，无不和统治者对政事、百姓的态度和实施的政策密切相关，诸如汉文帝、汉景帝能够开创文景之治，以及唐太宗的初唐盛况都是这方面的正面例子。然而，每一朝代的皇家的传承几乎都会遇到子孙难以为继的现象，王朝倾覆，百姓罹难，历史的惨剧一再在人类的历史上演，《贞观政要》有言："开拨乱之业，其功既难；守已成之基，其道不易。"这应该引起每一个学习历史的人为之深思。

范仲淹无疑是中国历史上盛誉知名的士大夫，王安石称之为："一世之师，由初起终，名节无疵。"通观范仲淹官宦、治学的一生，可圈可点的地方很多，他敢于进谏"以重万代之法"，对老师尊重，但并不阿附，坚持"宁鸣而死，不默而生"，即便面对太后、皇帝的失误举措也不退让，曾说："侍奉皇上当危言危行，绝不逊言逊行、阿谀奉承，有益于朝廷社稷之事，必定秉公直言，虽有杀身之祸也在所不惜。"在经略陕西、宣抚河东时，范仲淹积极防御的同时，改革陈旧的军队体制，营筑军事防卫，减轻边民重负，兴修利民工程，对西夏文攻武守，在任期间使得边疆紧张形势有所缓和，为西夏归顺宋朝构筑先机。范仲淹同时还是学问家，推崇儒学，精研《周易》，整合儒、佛、道三家，在与文人交往时，能够善于发现人才，比如与胡瑗、孙复、石介"宋初三先生"往与论学，门下出现了杰出思想家李觏、张载，另外慧眼识英才，举荐王安石、曾巩等于未显之际。

范仲淹的一生，最核心的是他在"先天下之忧而忧，后天下之乐而乐"一句话所体现出的家国意识和担当精神，他的一生无论做何等官，从事何种事务，都兢兢业业，真正做到了为官一方，造福一方百姓。北宋天禧五年（1021年），范仲淹调任泰州西溪盐仓监，负责监督淮盐贮运及转销。当时泰州西溪海堤自唐朝李承修筑之后，已经历时250余年，故而多处倾塌，致使海水倒灌，老百姓的田地遭到海水侵蚀，盐灶毁坏。于是范仲淹向朝廷上书，请求修堤，并极力促成此事。景祐元年（1034年），范仲淹调任苏州知州。适逢苏州发生水灾，情况严重，灾困之氓，其室百万。范仲淹到任后，夙夜营救，“惟日夜谨事，与众协力”，他命民众疏导河渠，导引太湖的水注入大海。修建了救灾工程后，范仲淹又回去赈济灾民。修筑水利时，范仲淹又遇到了非议，于是上书朝廷，详细说明苏州的地理环境、水文条件以及防治灾害的各种方略，同时驳斥种种奇谈怪说，他说姑苏地区处于水乡，地势低平，积水造成的灾祸能够吞没城市乡邑，即便附近有太湖、长江和大海，也因为河渠堙塞而起不到分流的作用，因此疏浚河流，可以减轻雨水肆虐和河水泛滥给百姓带来的灾害。范仲淹以“犹济疮痍十万民”的信念，抗洪救灾，赈济百姓，积极从根本上提出解决的思路。

无论范仲淹到了什么地方，无论是升官还是被贬，他总是大力整顿官僚机构，去除弊政，想办法为民兴利除害。北宋皇祐二年（1050年），范仲淹第三次被贬后，在其原籍苏州吴县捐助1000多亩田地设立义庄，并订立章程，设定族规，义庄收入用于救济同宗和其他需要的人。尽管义庄的局限性很大，且在漫长历史时期多次受到破坏，但范氏后代仍然坚持义举，在清代宣统时期仍然有田地5300亩。据称，范氏义庄是中国慈善事业的典范，是史料记载的最早家族义庄和第一个非宗教性的民间慈善组织。义庄存续，至民国已有800多年，历经多个朝代更迭，无数个战乱岁月，挺立其背后的无疑是范仲淹坦坦荡荡、兢兢业业、为国为民的精神，而这一精神在后来不断得到继承、坚持，并未消失在历史的尘埃之中。《宋史》对范仲淹有一段佳评，说：“自古一代帝王之兴，必有一代名世之臣。宋有仲淹诸贤，无愧乎此。仲淹初在制中，遗宰相书，极论天下事，他日为政，尽行其言……豪杰自知之审，类如是乎！考其当朝，虽不能久，然先忧后乐之志，海内固已信其有弘毅之器，足任斯责，使究其所欲为，岂让古人哉！”诚哉斯人，诚哉范公！

另外可以作为案例说明的莫过于晚清名臣曾国藩了。曾国藩出生在湖南长沙府湘乡荷叶塘白杨坪，祖辈以务农为主，父亲曾麟书是塾师秀才。曾氏自幼勤奋好学，道光十八年（1838年），曾国藩二次参加会试，位列三甲第42名，赐同进士出身。到1849年，先后被授予礼部右侍郎、兵部右侍郎，曾国藩在北京的为官道路上已经升迁至二品，十年七迁，连跃十级。这十年中，他经历各种际遇，面对复杂的官场争斗，总是以修身为第一要务，做事勤勉，以德为官，强调礼治、忠恕之道，这些心得日后还被运用于治理湘军上，比如他说："治军之道，以勤字以先。身勤则强，逸则病；家勤则兴，懒则衰；国勤则治，怠则乱；军勤则胜，惰则败。惰者，暮气也。""治军以勤字为先，实阅历而知其不可易。未有平日不早起，而临敌忽能早起者；未有平日不习劳，而临敌忽能习劳者；未有平日不能忍饥耐寒，而临敌能忍饥耐寒者。""勤"字是曾国藩一生修身、齐家、做官、治军的心得，所以在家书、家训中也时常一再强调，如："余教儿女辈惟以勤俭谦三字为主……弟每用一钱，均须三思，诸弟在家，宜教子侄守勤敬。吾在外既有权势，则家中子弟最易流于骄，流于佚，二字皆败家之道也。"曾国藩同时还强调爱民的重要性，如："爱民为治兵第一要义，须日日三令五申，视为性命根本之事，毋视为要结粉饰之文。""我待将官如兄弟，我待兵勇如子侄，你们随我也久长，人人晓得我心肠。愿尔将官莫懈怠，愿尔兵勇莫学坏。未曾算去先算回，未曾算胜先算败，各人努力各谨慎，自然万事都平顺。"在曾氏的书信、文章中经常能够看到诸如"吾辈带兵，如父兄之带子弟一般"，以及向家人强调勤奋、俭朴、谦逊一类的言辞，这些正是曾氏一生奉行的不二原则，也是曾国藩家风的核心内容。曾国藩的家庭、宗族、门生中出现很多杰出人才，他们身上也总是带有曾国藩及其所强调的精神、作风。

勤政与爱民互为表里，古代贤德君王与有识之士均能认识并付诸生活与教育之中。南宋史浩编写的《童丱须知》专门作《恤民篇》，其文说道："主圣臣贤日，勤政在恤民。差徭惟务息，赋敛直须均。但使皆当富，何忧富却贫。孟公仁义说，不取利吾身。"先秦孟子的主张"民贵君轻"承续了《尚书》"敬天保民"的思想传统，不过这类思想并非仅为儒家所独有，而是当时一种普遍的执政理念。《晏子》一书记载，有一年冬天极为寒冷，大雪一直下了三天，齐景公披着白裘坐在堂上，适逢晏子进谏。齐景公说，真奇怪，下雪三天，也不觉得寒冷。晏子听闻反问说，天气真的不冷吗？齐景公意识到问题所在，而晏子趁机说，听说古代贤明的君王，自己吃饱了饭，便知道百姓疾苦；穿暖衣服，便知道仍有百姓挨冻。他们自己安逸，却还知道百姓之苦，可惜主公还未明此理。齐景公当即表示说："善，寡人闻命矣。"勤政、爱民本来是一致的，如果因为"勤政"导致老百姓劳役繁重，不堪重负，或者有违农时，则起到了相反的效果，鉴于此，《老子》一书多强调"无为"，即"不妄为"，以还百姓安居乐业。史书还记载了"臧孙行猛政"的故事，正说明一个官员，即便是奉公守法、廉洁自律了，但如果法律损害了民众的切身利益，没有真正起到为民谋利，也是要警惕的，更不用说受到百姓爱戴拥护了。总之，自古至今，在中国的政治文明史中，不乏勤政爱民的皇帝、士大夫，他们的精神都已经凝结为中华民族的文明内核，成为古代家风、家训的一项内容，召唤一代又一代敢于担当、忧国忧民的仁人志士，成就不朽伟业。

四、清廉自守，勿贪勿奢

"仕宦之法，清廉为最，听讼务在详审，用法必求宽恕，追呼决讯，不可不慎"（贾昌朝《戒子孙》），古人认为出仕之首要在于清正廉洁。南宋吕本中《官箴》也说："当官之法，唯有三事，曰清，曰慎，曰勤。

知此三者，则知所以持身矣。知此三者，可以保禄位，可以远耻辱，可以得上之知，可以得下之援。然世之仕者，临财当事不能自克，常自以为不必败。持不必败之意，则无所不为矣，然事常至于败而不能自已。故设心处事，戒之在初，不可不察。借使役用权智，百端补治，幸而得免，所损已多，不若初不为之为愈也。”即是说为官虽然讲究机智才能，但如果不能在金钱面前守住底线，则离身败名裂不远了。

是否清廉自守是考验一个官员德行高洁与否的重要原则，也是衡量一个官员是否顺民心、合民意的重要原则，自古而今，莫不如是。传唱千古的古代诗词中也多有对于清廉之士的称颂，以及对贪官污吏的嘲讽，如《忼慨歌》云：“贪吏不可为而可为，廉吏可为而不可为。贪吏而不可为者，当时有污名；而可为者，子孙以家成。廉吏而可为者，当时有清名；而不可为者，子孙困穷被褐而负薪。贪吏常苦富，廉吏常苦贫。独不见楚相孙叔敖，廉洁不受钱。”这首出自《孙叔敖碑》的诗歌展现了廉吏与贪吏之可为与不可为，其所歌颂的是春秋时期楚国的令尹孙叔敖。孙叔敖的贤能之名连孟子也称道不已，把他和舜、傅说作为同列。《孟子·告子下》说：“舜发于畎亩之中，傅说举于版筑之间，胶鬲举于鱼盐之中，管夷吾举于士，孙叔敖举于海……然后知生于忧患，而死于安乐也。”其中说到孙叔敖在淮河洪灾泛滥时，自荐治水，历时三年修筑芍陂，这是我国有确切历史可考的第一座水利工程。芍陂，位于今安徽省寿县30公里处，自孙叔敖散尽家财、竭尽全力带领民夫修筑完成，即对楚国、淮河以南地区的灌溉、航运、屯田等方面起到了很大作用。孙叔敖从令尹升至楚国宰相，但他从来轻车简从，生活朴素，一心操劳国事，很短时间内便使楚国实力增强，在诸侯国中声名鹊起。

不幸的是，孙叔敖积劳成疾，去世时家无余财，妻子负薪而食，连棺椁都无力负担。据《史记·滑稽列传》载，孙叔敖死后，家里一贫如洗，其友优孟得知，巧妙化装扮成孙叔敖对楚庄王说楚国的宰相是做不得的，比如孙叔敖当了楚国宰相，尽忠廉洁，让楚国很快成为一方霸主，然而死后其子无立锥之地，家里贫困以砍柴赚取食物。如果像孙叔敖一样，还不如自杀。优孟援引当时的民谣，说："山居耕田苦，难以得食。起而为吏，身贪鄙者余财，不顾耻辱。身死家室富，又恐受赇枉法，为奸触大罪，身死而家灭。贪吏安可为也！念为廉吏，奉法守职，竟死不敢为非。廉吏安可为也！楚相孙叔敖持廉至死，方今妻子穷困负薪而食，不足为也！"于是庄王听从优孟的意见，乃召孙叔敖子，封之寝丘四百户，以奉其祀，后十世不绝。这段故事侧面反映出孙叔敖为官清廉，受到大家推崇。司马迁的记载与前文所引《孙叔敖碑文》的歌几乎一致。优孟讽谏楚庄王一事，就是成语"优孟衣冠"的由来。

清廉传美名的人物，在中国历史上多不胜数，正如唐朝著名诗人崔颢《澄水如鉴》所说，"廉慎传家政，流芳合古今"，这句话用在包拯"包青天"身上最合适不过了。《宋史》记载了包拯清廉如水的故事，说："徙知端州，迁殿中丞。端土产砚，前守缘贡，率取数十倍以遗权贵；拯命制者才足贡数。岁满，不持一砚归。"自古端州盛产端砚，是文人、士大夫们喜好的珍品，也是献给朝廷的贡品。包拯前任借着上贡之名，加征数十倍数额用以贿赂权贵。包拯上任时命负责上贡砚台的办事人员只需要按贡品数制作即可，到任满离去时，仍然"不持一砚归"。据说，1973年，安徽省合肥市文物工作人员清理包拯墓时，在包拯及其子孙墓中仅发现一方普通砚台而无端砚。可见不仅包拯一生清廉，其子孙也效之如故。包拯在其《乞不用赃吏疏》中说："廉者，民之表也；贪者，民之贼也。"他临死时还嘱咐子女说："后世子孙仕宦有犯赃滥者，不得放归本家；亡殁之后，不得葬于大茔之中。不从吾志，非吾子孙。"可见其家风谨严，非同一般。

与"包青天"齐名的，还有"海青天"。海瑞一生刚直不阿，严厉治理贪污和奢侈，秉公执法，其个人生活也异常俭朴，有"清苦之行举朝第一”之称，比如私章是用泥巴刻成，夏天睡在一张破席上，盖着夫人的旧裙。万历十五年（1587年），海瑞74岁，最终以老病之身卒于官舍，死后仅余葛帏旧衣，赖同僚捐治葬具才得葬殓。同乡苏民怀检点其遗物，只发现竹笼一只，内有俸金八两，旧衣数件而已。发丧之日，民众送者夹岸，酹酒而哭者百里不绝，被百姓呼为“海青天”。《明史》评论海瑞说：“瑞生平为学，以刚为主，因自号刚峰，天下称刚峰先生。尝言：‘欲天下治安，必行井田。不得已而限田，又不得已而均税，尚可存古人遗意。’故自为县以至巡抚，所至力行清丈，颁一条鞭法。意主于利民，而行事不能无偏云。赞曰：海瑞秉刚劲之性，戆直自遂，盖可希风汉汲黯、宋包拯。苦节自厉，诚为人所难能。”时人王世贞以九字评海瑞说：“不怕死，不爱钱，不立党。”现代著名历史学家黄仁宇在其《万历十五年》中指出：“海瑞，古怪的模范官僚。”“海瑞是忠臣，又是孝子。”“海瑞从政二十多年的生活，充满了各种各样的纠纷。他的信条和个性使他既被人尊重，也被人遗弃。当人们评论他的政治措施，却不仅会意见分歧，而且分歧的程度极大。在各种争执之中最容易找出的一个共通的结论，就是他的所作所为无法被接受为全体文官们办事的准则。海瑞充分重视法律的作用并且执法不阿，但是作为一个在圣经贤传培养下成长的文官，他又始终重视伦理道德的指导作用。他在著作中表示，人类的日常行为乃至一举一动，都可以根据直觉归纳于善、恶两个道德范畴之内。他说，他充当地方的行政官而兼司法官，所有诉讼，十之六七，其是非可以立即判定。”

清正廉洁是中国传统美德的重要内容，被称为“国之四维”之一。何谓四维？先秦重要典籍《管子》一书中称“一曰礼，二曰义，三曰廉，四曰耻”，即是说在治理国家中，礼义廉耻是四大纲领，失去一个就会让国家动摇，失去两个就会使得国家陷入危险，失去三个便会导致政权颠覆，全部失去则国家灭亡。要做到清廉为官，就要预防各种诱惑，坚持个人道德底线、操守，生活上戒除贪奢骄逸的作风。宋代著名文人苏轼《前赤壁赋》说：“天地之间，物各有主；苟非吾之所有，虽一毫而莫取。”曾国藩在家书中常常警示家人道：“世家子弟，最易犯一奢、傲字。……京师子弟之坏，未有不由于骄奢二字者。”所以，但凡青史留名者，无不认识到公平则明，清廉则威，“为政者，廉以洁己，慈以爱民”（王夫之语）的道理。

清廉，自古就是士大夫、为官者安身立命之处。《老子》有云：“大丈夫处其厚，不居其薄；处其实，不居其华。”真正廉洁之士都能认识到，廉洁是立身之本，而不是沽名钓誉之具，只有做到清廉谨慎，克己奉公，才足以知民治民，成为民之表率；从反面而言，“凡人坏品败名，钱财占了八分”的古训也是清廉为官、老实为人的警示。明代学者洪应明所著《菜根谭》有一句至理名言：“我不希荣，何忧利禄之香饵；我不竞进，何畏乎仕宦之危机。”自古以来，官宦之危机，莫过于贪奢，“俭，美德也；禁奢崇俭，美政也”（魏源《默觚·治篇》）一语可谓治理危机、修身立命、齐家治国的不二良方。

五、各美其美，天下大同

和，是中国文化的核心精神，也是古代家风极为推崇的原则。

作为“礼仪之邦”，“和”即为“礼”的最终归宿，正如《论语》中有子所说“礼之用，和为贵。先王之道斯为美，小大由之。有所不行，知和而和，不以礼节之，亦不可行也”，其中“和”既是礼仪之要求，也是礼仪之目的。北宋学者黄庭坚在《家戒》中教育后人：“为人子者，告其母曰：无以小财为争，无以小事为仇，使我兄叔之和也。为人夫者，告其妻曰：无以猜忌为心，无以有无为怀，使我弟侄之和也。”从小家、宗族而言，和睦相处是美好生活的前提，从天下、国家出发更是人们生活喜乐安康的保证。

这一追求天下和平的精神，被著名社会学家费孝通先生总结为“各美其美，美人之美，美美与共，天下大同”的十六字箴言。这既是对中国文化的提炼，也是对于各国文化如何和谐共生的思考，体现了费孝通先生关于世界文化走向、社会学与人类学发展的瞩望，引起了学术界的呼应、讨论，现在基本上已经成为中国学术界关于文化交流与发展的共识。实际上，这句话也是对传统家庭和睦之风的良好概括、借鉴，并且能够成为国家治理、国家交往的原则。2014年6月28日，习近平主席在和平共处五项原则发表60周年纪念大会上说，“我们应该把本国利益同各国共同利益结合起来，努力扩大各方共同利益的汇合点”，“要积极树立双赢、多赢、共赢的新理念，摒弃你输我赢、赢者通吃的旧思维，‘各美其美，美人之美，美美与共，天下大同’”。所以，“各美其美，天下大同”可以作为国家治理，解决不同文化、文明、种族之间冲突的总方针。

所谓“各美其美”，就家庭就社会而言，每个人都有自己的性格、思想、爱好和特点，协调不好便会产生矛盾，清代张履祥《训子语》说“人情乖异，不在乎大，多因积小而成”，即言人与人之间要注意言语行为的友好，并且善于发现他人的优点，善待他人。放大言之，即是尊重文化的多样性，因为每一个民族的文化，都是在长期的历史环境、社会环境、自然环境中经过反复适应、选择之后的智慧结晶，对维护本民族的生活、安定及其延续都有重要意义，是本民族存在的精神共识与未来发展的根基所在。在本国之内，要尊重自己民族的文化，并且有意识地发扬培育、拓展深化本民族的文化及其精神，同时也要积极尊重其他民族文化，积极吸收有利于本民族文化发展的营养成分。在和世界其他民族交往时，也应该持平等友好、互惠互利的态度，而不是自尊自大，贬低其他国家文化，妄图同化或颠覆其他文化的价值观与内容。

从人性而言，“孩提之童，无不知爱其亲，及其长也，无不知敬其兄”（朱柏庐《劝言》），即言人类富有美好的道德天性，只是很多人不知道、不善于发现并让其呈现，因为要建立在对于他人美好的认同与理解基础前提之下方能自觉做到“美人之美”。因此，“美人之美”还需以“各美其美”为基础，不仅要尊重不同民族文明、文化多样性、独特性，还要遵循文化平等的原则，在文化交流中“推己及人”，深入到不同文化的内部认识其独特价值与精神内涵，从而真正理解不同文化之间的差异性、个性，真正理解不同文化发展的内在需求，在和睦相处的同时，通过和平交流、团结互助，以促使世界不同文化的发展进步，全球文明的繁荣兴盛。

“美美与共”，是指不同文明与文化和谐共处，是经过以“各美其美”为基础，“美人之美”为途径，而形成的文化多元发展的局面。“美美与共”同时也是文化发展的一项重要原则，其核心思想约同于“和而不同”。和而不同，是中国文化的重要精神内涵，也是中国文化、学术乃至人与人之间的重要原则。《论语 · 子路》说“君子和而不同，小人同而不和”，即谓君子以和为贵，在人与人之间保持和谐友善的关系，但具体问题、看法、立场等方面却不必苟同对方，尤其要做到“己所不欲，勿施于人”。相反地，小人往往更重视表面上在具体问题和看法上迎合、符合他人的心理、言论或行为习惯，但在内心里却不是友善和好的态度。“和”的观念在中国文化传统中，可谓根深蒂固、渊源悠久，《国语 · 郑语》载史伯说：“夫和实生物，同则不继。以他平他谓之和，故能丰长而物归之。若以同裨同，尽乃弃矣。故先王以土与金木水火杂，以成百物。”这种“和”不仅是自然界的规律，也是人自身，乃至人与世界根本关系的法则，所以《中庸》说：“喜怒哀乐之未发，谓之中；发而皆中节，谓之和。中也者，天下之大本也；和也者，天下之达道也。致中和，天地位焉，万物育焉。”现代著名哲学家汤一介先生在《“和而不同”原则的价值资源》中说：“在不同文化传统中应该可以通过文化的交往与对话，在商谈中取得某种共识，这是由‘不同’达到某种意义上的‘认同’的过程。这种‘认同’不是一方消灭一方，也不是一方‘同化’一方，而是在两种文化中寻找某种交汇点或者是可以互补的方面，并在此基础上推进双方文化的发展，这正是‘和’的作用。”因此，“美美与共”即是继承“和而不同”这一精神内涵，它强调每一种文化既是民族的又是世界的。正是由于文化的多样性与多元化，才形成了各具特色、形态丰富的世界文化，只有顺着文化多样性、多元化的发展趋势，全球化才能更加丰富多彩，充满勃勃生机，而不是同化甚至是消灭、敌视其他文化，造成无数的争端、动荡和战争。因此，“美美与共”强调地球上的各个文明、民族、族群或国家，都应该对自己的文化有“自知之明”，有深度的“文化自觉”精神，以开放的心态，实现共存、共处、共通、共荣。

“天下大同”，出自儒家重要经典《礼记·礼运》篇中脍炙人口的一段话：“大道之行也，天下为公，选贤与能，讲信修睦。故人不独亲其亲，不独子其子，使老有所终，壮有所用，幼有所长，矜寡孤独废疾者，皆有所养；男有分，女有归；货恶其弃于地也，不必藏于己，力恶其不出于身也，不必为己。是故谋闭而不兴，盗窃乱贼而不作，故外户而不闭，是谓大同。”这段话是要强调，天下是所有人之天下，那些贤德有才的人也是大家推举出来的，建立讲信修睦的社会，所有人都能够得到妥善地对待，社会生活正常进行，劳动成果得到合理分配，人类的本性得到良好展现，没有盗贼、争斗、战争这些人类文明的毒疮与罪恶，这样的社会便是“天下大同”。晚清思想家康有为也在《大同书》提出建立“人人相亲，人人平等，天下为公”的理想社会。对于传统家国一体的制度、文化而言，“人不可孤立，孤立则危。天子之尊，至于一夫而亡，况其下乎？一家之亲而外，在宗族当不失宗族之心，在亲戚当不失亲戚之心，以至乡党朋友亦如之，以至朝廷邦国亦如之”（张履祥《训子语》）。所谓“大同”，意思应该理解为最大限度、最大程度、最大范围地实现了家庭乃至整个人类社会的“和而不同”。“和而不同”是人类共同生存的基本条件，是激发社会、文化潜力与活力的根本动力，应该成为现代社会发展的重要准则和目标。不过，“和而不同”更多的是体现在特定的人、地区、国家之间，是处理现实不同文化矛盾与问题的途径，而“天下大同”则更为广阔，更具彻底性。“和而不同”与“天下大同”并不矛盾，前者是后者的必由之路，后者是前者的终极理想和目标，只有实现了“美美与共”才能在文化之间的交流与融合基础上达到“天下大同”，因此二者都是人类应该共同持有的基本态度、基本理念和发展共识。

费孝通先生的十六字箴言更多地从社会、文化的角度着眼，而其核心、关键的“和”之“美”实际蕴含着中国深刻的文化、哲学思想，并且“美”和“真”“善”应该是相即不离的关系。现代著名哲学家汤一介先生指出，孔子、老子、庄子代表着三种不同的人生境界的追求，也是三种不同的价值哲学，而这三种哲学表现了三种不同的价值取向。“我认为，任何有价值的哲学体系总在追求着‘真’‘善’‘美’的三者的统一，但如何统一以及达到统一的过程并不相同。从人类发展看，我们也不必求其相同。在我们的先秦时代，哲学之所以丰富多彩，正是因为它有着多元化的价值取向，当时的哲人能从非常广阔的领域来讨论宇宙人生终极关切的问题，这样就使得我国的哲学放在当时世界范围内，和世界其他地区（希腊、印度等）相比实不逊色，这正是因为它是‘多元’的，而不是‘一元’的；它能从不同的路径来探讨宇宙人生的终极关切问题。如果我们说，我国先秦哲学的发展对我们今天有什么意义，我认为其中重要的一条就是它的‘多元化’。哲学的多元化才能使哲学得到充分发展，‘一元化’最终将窒息哲学的生命力。”（汤一介《中国传统哲学中的真善美问题》）

总之，“各美其美，美人之美，美美与共，天下大同”之间，有着层次递进、逐步升华的逻辑理路与发展过程，是一组在传统家庭、社会、国家建设实践基础上总结得出的、对文化发展道路的深入和系统探讨后提出的真知灼见，也是费孝通先生对于“文化自觉”本身的理解与提倡。其所针对的问题，乃是就整个“人类大家庭”的问题而言：现代社会科学技术飞速发展，人类生活已经彼此不离，但是由于文化的隔阂而引起的矛盾时时威胁人类自身的存在与发展，因此人类文化的和平共处应当是所有国家、所有人应尽之责任。为了实现这一目标，费孝通先生认为，“需要肤色各异、国度各别的国际政要、科学权威、知名学者以及全国人民，共同讨论天下大事，为人类发展贡献思想，尽快讨论出一个大家共同遵循的价值目标”，而今，习近平主席也同样对世界各国提出呼吁，预示着十六字箴言将成为世界各国建立世界和平、文化的繁荣的政治原则。要实现“天下大同”的“美政”，应该积极发扬鞠躬尽瘁、爱国奉献的精神，奉公守法、恪尽职守的职业道德，勤于政事、谦敬恤民的服务态度，清廉自守、勿贪勿奢的自律原则，而起点是从家庭的培养开始，从良好的家风开始。

第八章

传统家风的现代挑战

传统家风作为中国传统文化的一个重要内容，一直在中国传统家庭、社会、国家建构中发挥着不可取代的作用，伴随着悠久的中华文明延续了几千年时间。然而，进入近代以后，在内忧外患之下，中国在经历若干重大事件、外来文化强力冲击后，巨大的外部力量对传统制度起到了离散的作用，也危及传统家风的延续。而在一个古老的封建社会最终迈向全球化的进程后，在新的国际、国内秩序下，在新的价值观念中，传统家风中一些与现代社会不适应的因素不断凸显、放大，可以说，中国传统家风在现代面临非常严重的挑战。从现代社会的发展情况看，在众多的影响因素中，主要体现在宗法社会解体、农耕文化消解、个体主义盛行、道德观念式微和西方价值观冲击五个方面。

一、宗法社会的解体

宗法、宗族不是中国所独有的，这种文化在世界其他文明、国家中也都出现过，但却没有像中国尤其是汉族宗族这样，有着如此形式完整、制度严密、历史漫长的特点。之所以能形成中国特色，是因为宗族不仅有着同姓同宗积聚的特定群体、亲属集团，还具有内在的文化，经过长时间的习染，已成为中国人一种重要的生活方式，从而形成了历时千年的宗法社会。

所谓宗族，《尔雅》有云：“父之党为宗族，母与妻之党为兄弟……妇之党为婚兄弟，婿之党为姻兄弟。”班固《白虎通义》说：“宗者，何谓也？宗者，尊也。为先祖主者，宗人之所尊也……古者所以必有宗何也？所以长和睦也。大宗能率小宗，小宗能率群弟，通其有无，所以纪理族人者也。”又云：“族者，何也？族者，凑也，聚也，谓恩爱相流凑也。上凑高祖，下至玄孙。一家有吉，百家聚之，合而为亲。生相亲爱，死相哀痛，有会聚之道，故谓之族。”可见古人很早就对中国宗族社会有着明确、深刻的自觉认识。现代历史学家冯尔康教授认为，“宗族是由男系血缘关系的各个家庭，在宗法观念的规范下组成的社会群体”，具体而言，“宗族，就是有男系血缘关系的人的组织，是一种社会群体。这里需要特别指出的是，它不只是血缘关系的简单结合，而是人们有意识的组织，血缘关系是它形成的先决条件，人们的组织活动，才是宗族形成的决定性因素”。这一定义比较适合以汉族为主体的宗族社会情况，可以看出其中所强调的：有一定的血缘关系，以共同姓氏为特征；是有宗法、共识、首领的群体组织；它的构成是以家庭为单位，以族为统率。

中国宗法社会从殷商萌生、周代建立便一直延续到现代，其涉及十分庞杂而丰富的文化，如宗法、族制、祠堂、祭祀、服制、族学、族谱、族产、族规等。美籍华裔学者许烺光在《宗族·种姓·俱乐部》一书中将中国宗族概括为七大特征，分别是：有一个明确的组织，并且该组织拥有一套适用于实体集团的行为规则；委任给一个受到承认的个人的、有权威的领导力量，或者形成了一个行使这种领导力量的集团；拥有一个无愧于其成员尊敬、并对其成员的行动发挥支配作用的领导力量；拥有关于成员资格正确而明晰的标准以及关于成员的记录；缺乏由内部紧张和分离造成的分裂；以具有成员资格为荣和成员间的团结心；成员间有密切的社会、经济和礼仪上的关系。这些特征总结了中国宗族的主要内容、功能，在很大程度上，中国宗法社会的解体、危机也是体现在这几个方面。

中国近代社会的发展，西方文化的大量输入，以及国内政治、经济、文化、军事与社会生活等诸多方面的变化对传统社会形态造成了结构性的破坏，突出表现在废除了保留几千年的“帝制”，结束了清朝的统治，从而破坏了“家天下”这一宗法社会的顶级结构。民国以至于现代中国，对传统结构的破坏越来越深入，力度也越来越强，主要体现在以下几点：

第一，“家国同构”是传统宗法制度的重要内容，家、族、国在很大意义上是一体同构的关系，但在近代显然已经被认为是国家进步、社会发展的阻碍。孙中山先生在《三民主义》中说过：“中国人最崇拜的是家族主义和宗族主义，所以中国只有家族主义和宗族主义，没有国族主义。外国旁观的人说中国人是一片散沙，这个原因是在什么地方呢？就是因为一般人民只有家族主义和宗族主义，而没有国族主义。中国人对于家族和宗族的团结力，非常强大，往往因为保护宗族起见，宁肯牺牲身家性命……至于说到对于国家，从没有一次具极大精神去牺牲的。所以中国人的团结力，只能及于宗族而止，还没有扩张到国族范围。”因此，打破宗族社会在民国即成为目标之一。而在中国共产党领导的新民主主义革命时期，将民众从宗族组织中剥离出来，使之成为革命动力的改造运动，在苏维埃共和国时期即已有效地实行。新中国成立后的土地革命、合作化道路、人民公社等，不仅改变了原有的经济形态，还彻底改变了农村社会的组织形式，宗族在物质上土崩瓦解，制度上批判扬弃，可谓对宗族秩序在现代国家形式下造成的最强大、最彻底的冲击。

第二，“尊祖敬宗”同样是传统宗法社会的重要内容，它的实现形式主要建立在古代“礼制”的基础之上。一方面，其往往强调尊卑长幼的次序，尤其是突出强调了君臣、父子、夫妇三纲关系，尊重祖先的信仰结构，有时候被异化为唯君主是从的人身依附关系；另一方面，“礼制”结构很大程度上强调人治的作用，这与建设现代法理型的社会也是难以吻合的。因此原有的“礼制”秩序，及其所维护的宗法体系都受到现代社会结构及其精神的挑战，中国社会的法治化进程，往往建立在否定传统“礼制”的激烈过程之上，历史上曾将之视为封建糟粕予以彻底批判。也因此，伴随着原有宗法经济基础和制度形式的破坏，尊祖敬宗在很多地区都几乎消失，社会回归到直接以家庭为单位的组成结构模式。

第三，“亲缘核心”是形成宗族的基础和先决条件。古代的宗族无论是大宗还是小宗，其构成总是以血缘关系为脉络的群体。现代社会在很大程度上依然是建立在血缘关系之上的。不过，新中国成立以后，尤其是20世纪80年代以后实行的计划生育政策，几乎彻底打破了原有的宗族成员构成的人口基础，宗族式亲缘核心在弱联结的现代家庭架构内已经很难构成。随着社会制度、社会文化、社会思潮的变化，原有的血缘观念、生殖观念都发生了变化，在现代快节奏、高压力和生活成本提高的社会生活中，很多年轻人选择单身、晚婚或不育，生活环境、习惯以及饮食质量等问题也在客观上造成了生育方面的诸多问题，现代社会的普遍特征是生育率偏低。所以，生活习惯、环境、理念的改变也是对传统宗族社会造成巨大挑战的重要因素。

第四，“宗族伦理”是构成宗族社会的内在精神、共识和规范，然而在近代以及五四运动时期就遭到批判，这从近代以家族叙事为主题的小说等文学作品中可见一斑，其大都将传统伦理、家族观念与现代进步社会理念之间的关系对立化、仇恨化，甚至有些作品丑化、妖魔化宗族伦理。比如，三纲五常、男尊女卑、三从四德等思想都被认为是为了巩固和强化男权社会的封建糟粕，是为了欺压、桎梏女性而编织的巨网。无论是晚清、民国，还是之后的一些社会运动，都充斥着对传统宗族伦理否定性的声音，而没有对传统家庭伦理、宗族伦理所富含的珍贵内容与合理性给予全面、深入的了解、认识，也没有予以客观、正确对待。因而，在现代社会思想转型期间，造成了诸多的混乱、失序现象，宗族伦理也自然消解。

总之，宗法社会在中国的两千多年时间里，有着自身固有的文化特性、经济基础、秩序原则与内在矛盾，在不同历史时期也有一些自我调整。总体上，宗族制度与国家生活结合的家国同构，与乡土社会结合的宗族自治，与家庭生活结合的血缘核心以及内在的伦理关系等，对中国传统社会发展、生存方式均有着无可估量的巨大影响。其所遭遇的近代化思潮与制度转变，可以看作至今所面临的一次最大程度的挑战，只是在改变旧形式、接受新内容的过程中，由于国内国际环境的变化，也由于人们往往无法在现实的历史环境中给予合理的充分的认识，多方原因导致传统宗族社会瓦解。不过，也有学者认为，中国宗法社会的文化基因仍然顽固生存着，宗法秩序经过重塑、转变之后具有回潮的趋势。

二、农耕文化的消解

农耕作业在中国兴起甚早，据考古资料显示，浙江余姚市的河姆渡文化遗址中的第四文化层内，分布着保存完好的稻谷、稻壳、秕谷、稻草、茎叶、木屑等堆积层，还发现一些动物骨头制作的骨耜等农具，说明早在7000年前，生活在我国东南沿海地区的先民们就已经进入了农业耕作的时代了。陆续发现的其他文化遗址也佐证并说明了我国是世界上首先进入农耕文化时期的文明形态的国家之一。

农耕文化经过漫长的发展历史，在传统农业的思想理念、生产技术、耕作制度、文化内涵、生活方式等方面，凝聚着几千年以来劳动人民的智慧结晶，概括而言，具有以下特点：

首先，“重农利农”的发展特点。《管子·治国》有云：“粟者，王之本事也，人主之大务。”汉代学者桓宽的《盐铁论》说，“农，天下之大业也”，又说“非力本农无以富邦也”。是故自有历史记载以来，中国各个朝代、历史时期都十分重视发展农业，统治者则以身作则，或亲自从事劳动，或重视兴修水利，积极开垦荒地，扩大种植面积等，如史书记载大禹“躬耕而有天下”，唐太宗李世民提出“国以民为本，民以食为天”，清代康熙皇帝亲自写作《农桑论》以阐述重农的思想。相比之下，商业则是一直处于被抑制的发展状态。其次，家庭经营，自给自足。农耕文化的经济形式、经营与需求，是形成中国宗族社会形态的重要原因之一，从事农业的人群又多以家庭、宗族为单位，有比较固定的生产主体，而生产资料与生产分配、交易也具有家族特征，这种经济是小农经济自给自足的发展形态。再次，精耕细作的生产方式。我国农业发展历史悠久，形成了十分完善的选种、育苗、耕种、灌溉、施肥、除虫等管理技术，制定了十分合理的农业历法，同时兴修水利，发明农业生产工具等，充分显示我国农业生产的发达与成熟。比较采集文化和游牧文化，农耕文化有着更为突出的优势，而中国比较早地进入了农耕文化，中国传统文明的繁荣与兴盛也主要集中在农耕文化发展成熟之后，与同时期的游牧文化比较，中国农耕文化内容更为丰富，成为其他民族纷纷效仿的对象，即便是在战争中取胜的游牧民族，如元朝蒙古族和清朝满族，最后也被农耕文化所同化。概言之，农耕文明决定了汉族文化的特征。“中国的文化是有别于欧洲游牧文化的一种文化类型，农业在其中起着决定作用。欧洲文明掠夺式特征，诞生于此前的狩猎文化，与滥觞于种植的中国文明存在明显的差别。聚族而居、精耕细作的农业文明孕育了内敛式自给自足的生活方式、文化传统、农政思想、乡村管理制度等，与今天提倡的和谐、环保、低碳的理念不谋而合。历史上，游牧式的文明经常因为无法适应环境的变化，以致突然消失。而农耕文明的地域多样性、民族多元性、历史传承性和乡土民间性，不仅赋予中华文化重要特征，也是中华文化之所以绵延不断、长盛不衰的重要原因。”（唐珂《农耕文明与中华文化的特征》）

然而，农耕文化的限制因素也有很多，比如在客观上，传统农业受到自然条件、天气气候等因素的制约，“靠天吃饭”几乎是整个农业时代的共性；在主观上，农业生产耕地的开发和利用，始终不能满足人口发展的需求。因此有学者指出：“传统农耕文化对现代经济组织有着重要的影响，这种影响既有积极方面也有消极方面。归纳起来，其积极影响表现在：第一，传统家庭观念和家族意识，为农村实行家庭联产承包责任制和带有家族式性质的乡镇企业提供了组织基础和观念认同，减少了实施成本。第二，长期以来的互帮互助和联合抗险的传统形成了农村社会的互助合作习惯和精神，这对农村合作组织的形成奠定了基础。其消极影响表现在：第一，‘差序格局’的社会交往体系，形成中国农村以‘自我’为中心，按照亲疏远近来构建经济关系网，这严重制约了现代经济组织的主体范围，同时家长制、等级制特点也形成家族式企业管理上难以逾越的障碍。第二，‘农本意识’、‘乡土观念’浓厚，致使大部分农民很难割舍与土地的感情，严重影响了农村土地资源的流动速度和土地配置效率。”（崔宝敏《传统农耕文化、农民行为方式与现代经济组织》）传统农业生产、农耕文化面临着各种难以解决的问题，经过现代化农业发展之后，传统农业的若干优势反而得到体现，或者说出现了过度现代化的现象，传统农耕文化面临消解的严峻形势。

第一，传统农业技艺消失。中国传统农业缔造了中华古代文明，有学者认为："传统农业主要依靠投入大量的人力，通过复杂的轮作、混作、间作、套种等方式进行集约经营，在当时的条件下，由于这种经营方式最大限度地利用了当时所能提供的各种要素，传统农业时期的农民在生产技术、经营方式上也积累了许多经验，因而是先进的农业。然而，传统农业的这种集约主要表现为劳动力的集约，土地利用率较高而生产效率不高，主要原因在于缺乏新要素的投入和缺少建立在科学技术基础上的专业化分工。正如舒尔茨所说，由于技术长期不变，传统农业总是维持在简单再生产和长期停滞的小农经济均衡状态。因此，只有引入了新的技术因素，才能实现传统农业的改造。"（崔宝敏《传统农耕文化、农民行为方式与现代经济组织》）然而，目前经过几十年的农业发展，尤其是机械化农业时代快速到来，农业的现代化使得很多传统的农业耕作技术因缺乏保护意识，许多传统手艺、技艺没有保存下来。

第二，农耕系统遭到破坏。现代农业大量使用农药、化肥、除虫剂、除草剂等化学品，不仅不能根治病虫害，反而使害虫具有更强的抗药性，需要用更强的农药来防治，从而陷入恶性循环。在杀死害虫的同时，也伤害了大量包括鸟类、益虫微生物在内的有益生物，危及整个农业生态系统的多样性。由于农药、化肥的大量使用以及工业企业造成的土地污染，致使我国的农村生产生活环境严重恶化。此外，农村生活污水和垃圾废弃物也不断增加，并且大多数没有经过无害化处理而直接排放丢弃，农村的污染已经威胁到人与畜的安全。

第三，农耕观念受到极大影响。农耕意识所受到的最大影响当然是当今的城市化进程，这毋庸多言。然而，今天的"新农业"也导致了农耕意识的削弱。原本，发展休闲农业、乡村旅游，一方面可以做到以农为本，加强生态保护，有利于农民增收，促进农村经济社会协调发展；另一方面能够通过文化创意、科技创新，挖掘农村发展潜力，整合农村的生产、生态、生活与文化资源，把资源转化为推动农村发展的有利条件。然而，由于目前受到过度旅游发展方向的误导，绝大多数旅游项目开发形式过于单一，尤其很多地方项目盲目上马，过度宣传农村旅游经济，即便在有些旅游条件比较好的农业文化遗产地区，发展旅游业的结果往往是当地农民不愿意再回到田地里种地。这种“新农业”已成为扭曲的商业，失去了农耕的本色。

第四，农耕基础受到城市文明和工业化全面、严重的入侵。随着工业化程度越来越高，城市扩张速度越来越快，人类赖以生存和发展的土地、水源、空气、森林等资源，都受到大量侵蚀和污染，可以用作耕地的农田数量日渐萎缩，农村的生产活力与积极性也日渐衰减。改革开放以来，大量的农村劳动力涌入城市打工，农业产品价格的低廉更加使得农民不再从事农业生产，导致土地大量荒芜，农业劳动力快速流失，农村空巢化现象非常严重。由于过度宣扬城市文明以及农耕文明转型不足，年轻一代更加喜爱就业机会多的城市生活和丰富多样的城市文化，而不愿意再回到被视为落后、贫穷的农村，农耕文明面临无以为继的危险。

我国以农业生产为主导的地区从南方热带农业，到北方地区的寒带农业；从西部的山地高原，到东部的海洋养殖，农业地域类型、农田生物、农业生产技术都是十分丰富、多样的。因此在各地产生了多元化的文化类型，如茶文化、丝绸文化、梯田文化、狩猎文化、游牧文化等。农业生产由人与自然之间的关系，逐渐转变为人与人之间、民族与民族之间、国家与国家之间的关系，形成了兼具自然、人文、科学精神等在内的绵延不断的文化传承。因此，农耕文化不仅为各民族提供了赖以生存的物质资源，也是中华民族共同的精神家园。因此，传统农业所面临的问题、现代化过程中所产生的各种问题关系到农业、农村的未来，应该引起大家高度重视，并帮助古老的农耕文明抵御来自城市化和工业化的冲击、同化、消解，让古老的家园、田园根脉得以传承和延续。

三、个体主义的盛行

个体主义思想虽然来自西方文化，但因其具有共享性与互通性，也在世界各国盛行。中国现代社会政治、法律、思想、文化等各个方面，也都受到个体主义广泛而深刻的影响。

一般而言，个体主义思想与西方资产阶级社会发展相伴相生，也因之逐渐成熟，它强调社会的基本构成或基础是独立的个体，个人是社会实现的终极价值和总目标，所有人都是平等的，人与人之间、人与社会之间存在一定的界限，个人对自己的行为负责，此外也强调自治自律和对公共权威的服从。经过上百年的发展，个体主义在政治、经济、哲学、思想、文化等各个领域都有独特的影响，在现实生活中大行其道。个体主义往往和个人主义、个人自由、个人权利、个人奋斗、个人实现具有紧密关系，个体主义概念具有几个层次的特性：一方面，在现代社会生活、现代世界价值中“个体”已经成为普遍的主体，个体主义在现代社会与传统社会断裂中逐渐占有主流地位；另一方面，个体主义往往以极端的个人主义、自私自利等消极、病态面目出现，具有道德上的自私性和价值上的虚无性，对现代民族认同、价值认同、道德认同和社会凝聚力都构成极大的挑战。

个体主义与集体主义也是一对常被放在一起讨论的词语。一般而言，集体主义比较重视国家和集体的利益，往往主张把集体利益作为个人思想和行为的出发点，认为个人的力量和作用是有限的、渺小的，个人利益必须服从于国家和集体利益，这与中国传统注重社群关系有着某种一致性。集体主义在人类对抗自然灾害、共同劳动和抵御外敌入侵时有很多积极有效的作用，人类社会形成部落、集团、国家，也与对集体主义的需要有关。在现实社会中，集体主义在一个时期可能效果比较明显，但在长时间的现实生活里，集体主义暴露出忽略个人的正当利益，打击个人的积极性与创造性，并且衍生出集权主义、官僚主义等不利于社会发展的一面。集体主义体制常造成个体对集体的依赖，对个体独立人格和思想的发展也会产生消极影响，有时还会侵犯到个人权利、自由与人身安全。然而，把集体主义和个体主义对立、个人利益和集体利益对抗也同样是片面的，个人主义虽然强调自我利益、幸福生活和个人实现，能够成为社会发展繁荣的动力，但也要看到个人始终脱离不开所生活的宏观社会和微观环境，因此要注意协调自我与他人、个体和整体的关系。

个体主义在中国传统思想内也并非缺失，比如先秦时期的杨朱从重视身体与生活利益角度出发，主张“拔一毛而利天下，不为也”，但是这和西方的极端利己主义的立场仍是有所区别的。魏晋时期，阮籍、嵇康等名士因为反对当政者的腐朽和社会黑暗，故而提出一种“越名教而任自然”的体现个体主义的思想。学者王江松在其所著《郭象个体主义哲学的现代阐释》一书中认为，从现代人和现代哲学的角度、郭象哲学与魏晋玄学的关系来看，郭象的自性论、独化论、相因论、玄冥论是一种个体主义本体论的思想，此外还有个体主义认识论、个体主义人生观等，指出郭象的思想游离于儒道两家思想之外，是中国古代个体主义思想潜流的主要代表。然而，这仍是有“中国特色”的个体主义，绝非中国主流，同时也迥异于西方的个体主义。西方意义上的个体主义于中国社会大多难以接受，鲁迅先生曾说：“个人一语，入中国未三四年，号称识时之士，多引以为大垢，苟被其谥，与民贼同，意者未遑深知明察，而迷误为害人利己之义也欤？夷考其谥，至不然矣。”不过随着中国社会的发展，尤其是内外矛盾的激化，五四运动、新文化运动时期，个体主义成了个性解放的代名词。

然而进入近代和现代社会的中国，在经济、文化、思想和社会生活上全面受到西方思想文化的影响，传统社会受到严峻挑战，以至于原有的宗族社会结构和农耕经济基础都受到严重的冲击而相继瓦解，其中起到极大推动作用的主要思潮中，个人主义影响尤甚。对于个体主义盛行所带来的负面性，研究者分析认为：首先，从历史上看，个体主义的起源与个体的自我保存倾向是密切关联的，他们以保护自己的生命、财产为起点，以自我利益为基础，以保全生命和财产为目的而结成社会。卢梭批评他们追求的只是幸福的条件，反而把幸福本身给遗忘了，而美国哲学家艾伦·布卢姆直接称这种个体主义是“活命的哲学”。其次，在道德领域，个体主义会直接导致“道德评价的私人化”。个体主义在道德问题上采取了去道德主义，把道德问题还原为好恶的问题，还原为个体的情感偏好问题。这种倾向对于现代社会中任何超出个体范畴的价值目标都是一种消解。自启蒙运动以来，尊重个人权利，倡导相互尊重、相互宽容的同时，也埋下了价值相对主义的后果。再次，价值的相对主义会抹杀文化的进步性。价值相对主义强调价值观念的主观性，漠视道德真理，对自我之外的任何重大价值采取漠然置之的态度，对于自我本身则采取了放任主义，人生的全部意义固限于自身，表现在生活上就是一种典型的消极个体主义的生活态度：“这是我的生活，我想怎么样就怎么样。”最后，个体主义能对集体主义、民族认同、社群价值产生极大的危害。个体主义以个体自由为本位，核心价值是个体权利，而无论是集体主义还是民族认同，都是以群体的价值为归属，以集体精神和民族精神为依靠，因此两者之间不可避免地会有很大的冲突。在世俗领域，民族主义和爱国主义很容易受到个体主义的攻击，集体主义也容易遭其抛弃。（孙向晨《论个体主义在现代社会中的两重性》）个体主义的消极影响，往往是由于其独特的价值立场和张扬的个性所致，也正是这种迎合个体主义的主张，使其在短时间内就打破了各种限制，在社会广大范围内造成深刻影响。

中国传统社会的最大特点是以宗族集团为代表，儒家“齐家—治国—平天下”层次分明的结构，显示了传统社会中的个人都深深浸润在集体与社会的链条结构之中。在传统社会的宗族伦理与政治结构中，一方面个人与过去的祖先、未来的子孙构成了绵延不绝的纵向传承关系；另一方面，个体与宗族紧密相连，平民、士大夫、贵族形成了一种超稳定的社会结构，个人与社会是一体的、互动的，而不是互相对抗，这种环境营造的是一种群体氛围，即个人的行为只有融入家国、天下的格局之中，才能发挥其价值，才能凸显其意义。

然而，民族危难中西方个体主义的传入，让民众觉得正是由于传统社会长期的集体笼罩与宗族伦理对个体感受造成压抑，限制了人身自由，过度干涉个体的婚姻、生活等。在近代中国积贫积弱的困境中，终于成了引发社会汹涌思潮的导火索，20世纪20年代的中国新文化运动的核心就是针对以“孔家店”为代表的传统观念与制度形式的一次个体主义传播、爆发的高潮。然而，限于当时国内混乱的军阀混战、日本军国主义入侵和解放战争的特殊历史环境，个体主义仍然被压抑、裹挟在国家、民族的紧急情绪之中。

回顾个体主义在中国近代的发展特点，可以发现个体主义一经传入，很快便应用到中国汹涌的社会运动之中，而缺少对个体主义的思想目的、主张、特质等进行深刻把握与反思，因而个体主义成了达到个人目的、战争目的、政党目的的工具。然而，正如上文分析的，个体主义确实解构着传统宗族体系、伦理纲常和情感联系，催生个人私利与权欲的泛滥。因此，个体主义在中国的流行史，更多的是呈现出个体利益、私人道德观和价值相对主义的消极一面，因此，在现代社会，它无疑对注重社群伦理、注重家风建设的传统文化的回归，构成了一大挑战。

四、道德观念的式微

中国传统社会是以血缘为纽带的宗族式结构，有着比较系统的组织体系和宗族制度，如制订族规、修订族谱、修建祠堂、修建祖坟、祭祀祖先、建立义庄等常规活动，此外还有助学、济贫等其他活动，形成了以宗族为核心的文化伦理关系与道德规范，比如赡养老人、抚育儿童、教育子孙、讲究礼仪、维护宗亲等。因此，中国传统道德观念虽为常道，但其具体形成实际上来自几千年的社会实践，是在漫长的历史中不断发展变化，经过历代人们探索、完善、选择的结果，对形成传统的稳定社会结构有极大的促进作用。

道德观念在中国社会、文化和实际生活中长期发挥着主导作用，是社会生活评价的主要标准之一。道德评判几乎充满生活与思想的每个角落，无论是在书籍典册还是在街头巷议，将各种社会问题归结为人的道德原因，这种现象甚至可称为“泛道德主义”。这一倾向使得中国传统道德内容十分丰富，简要总结有以下几个方面：首先，在国家层面，古人认为，有德者天下归心，孟子提出以仁得天下，“仁者无敌”，《盐铁论》则提出“以道德为城，以仁义为郭”“以道德为胄，以仁义为剑”，贾谊《过秦论》总结秦国灭亡的教训直接说是“仁义不施”的原因。其次，在为政之道方面，也极为强调“德政”，比如孔子在《论语》中说“为政以德，譬如北辰，居其所而众星共之”，孟子认为“桀纣之失天下也，失其民也；失其民者，失其心也。得天下有道，得其民，斯得天下矣；得其民有道，得其心，斯得民矣；得其心有道，所欲与之聚之，所恶勿施尔也”，孔孟二人从正反两方面说明了道德在政治活动中的重要性。可以说，为政以德是中国古代政治的共识，是考核官员、选拔人才、教化民众、移风易俗的核心要件。再次，在伦理观念方面，儒家提出了仁、义、礼、智、信、温、良、恭、俭、让、诚、谦、敬、忠、孝等极为丰富的道德理念，十分强调君子小人之辨、天理人欲之辨、义利之辨、公私之辨等，这些概念在今天的社会生活中大多已耳熟能详，融入了人们的日常生活中。概言之，中国悠久灿烂的历史文明，很大程度上是以道德文明为核心所建立起的民族精神文明，是中华民族自古至今存续、发展的精神支柱。

然而，传统的伦理道德体系所依托的是以血缘为中心建立的宗族社会，以宗族为单位构成的皇权统治，所谓的“齐家—治国—平天下”的另外一面，反映的是“血统—宗统—治统”，原本以之为基础的家庭与宗族单元，在实际运行过程中不可避免地演化成了皇权至高无上的金字塔结构和高度集权式的政治体制。原本的部落联盟和首领推举逐渐被集权式的世袭制所替代，可以看作是人类经济文化发展到一定阶段后，有沟通不同地缘关系的部落形成更加强大社群的客观需要，同时对原有散状分布的社群加以组织化的能力也不断加强，但是集权体制一旦形成，就具有强烈的自我强化的需求，而实现的途径也多样，外在途径有国家机器、官僚体系和战争武力等，而内在途径则是推行一定的思想意识形态和伦理道德观念。周谷城先生说：“宗法制于天然的血统关系中，利用‘尊祖’的情绪，培植‘敬宗’的习惯。倘继族之宗，被诸支庶所敬，则是无形之中，收了统治的效用；这于建立社会秩序，何等重要！这样重要的制度，周于实行继统法之后便很自然地随着实行了，并以此把君统变成了宗统。”（周谷城《中国通史》）这样的社会结构，在伦理道德方面，首先比较重视上级、长辈和家庭、宗族、国家的权威与利益，因此，从负面角度讲，有时会对个体的情感、生活、思想形成压抑或弹压的态势。所以，到了近代社会启蒙思潮开端之际，就形成了强大的批判、反抗浪潮，比如鲁迅先生的《孔乙己》《阿 Q 正传》《狂人日记》从不同方面揭示了传统社会下，个体的畸形和丑陋，其所谓整个中国历史都是“吃人”二字，也绝非全都是对传统社会的虚妄评价。在上下尊卑的等级制度和森严的伦理纲常下，易产生压抑感和束缚感，妨害人的自由思想、独特个性；传统的政治伦理关系，是一种权利伦理化与伦理权利化交织互补的体系，而“礼法”在浓厚的人治色彩下，有时流于道德说教。这也是前文所说的“泛道德主义”倾向。一般而言，泛道德主义有几个负面效应，比如唯道德是论、无限制扩张道德内涵、把最高标准视为最低标准、缺乏社会宽容等，其最大危害是使道德本身被曲解、被压制、被利用，造成人格上的分裂。“他们一边忙碌着，一边渴望着闲适；一边虚伪地应酬，一边歌颂着诚实的英雄；一边斤斤计较地讨价还价，一边对人心的深不可测感到气愤；一边把自己封闭起来作为对外的壁垒，一边诅咒着心灵的孤寂。”（王润生《中国伦理生活的大趋势》）

以上当然不是否定传统伦理观念在缔造中华民族文化中的巨大作用，也不是否定其在中国文明中的重要地位，正如儒家所认定的，作为体现在百姓日常中的伦理道德，是永恒的常道。即使从人类学的视角看，传统的道德伦理观念是当时社会环境下应运而生、自适应的行为规范，是人们对自我行为的有意引导与秩序化，也是不应否弃的，它富含十分独到、精深的思想。只是在特定环境和情势下，在新的观念和角度下，传统伦理仿佛隐含着种种弊端，很多时候则被放大。如在遭遇近代化与现代化浪潮时，传统道德仿佛成了阻碍历史前进的绊脚石，没有经过研究、反思，便随着原有宗族与家庭观念、家国一体制度一起被极端地否定。因此，如果论及现代道德式微，则与传统伦理观念在近代所遭到的不正确对待有着极为密切的关系，作为外因的社会大环境加重或左右了传统伦理的命运，著名当代马克思主义伦理学家罗国杰先生认为，20世纪50年代以后的40多年里的伦理道德继承可以分为五个阶段：第一，“全国解放初期（从1949年到1957年），我国正处于一个彻底清算封建地主阶级反动影响的重要时期，阶级斗争非常尖锐，反对以忠君和孝亲为核心的封建道德的任务也异常艰巨和复杂”，“这场反封建道德的斗争在取得伟大胜利的同时，也有一种‘矫枉过正’的后果，使人们开始忽视传统道德的优良的一面”；第二，“从反右斗争前后到‘文化大革命’开始，这是‘左’的思想不断发展的时期。在整个国家的政治生活中‘左’倾思想发展的同时，又进一步强化了对中华民族的传统伦理道德的批判与否定”；第三，“‘文化大革命’时期，对中国传统伦理道德，不论从理论上还是从行为规范上，都作了彻底的否定，使这种民族虚无主义的伦理道德观达到了登峰造极的程度”，“在阶级斗争的旗帜下，在反对‘厚古薄今’和反对崇拜死人的幌子下，中华民族已经失去了自己的传统，更不用说去继承优秀传统伦理道德的问题”；第四，“‘文化大革命’后期的‘批林批孔’‘评法批儒’运动在政治上、经济上造成极其严重的后果的同时，对儒家思想特别是对儒家伦理道德进行了长达几年的、全国范围内的大批判”；第五，“全盘西化思潮从另一个方向对民族传统伦理道德进行‘全盘否定’”。总的来说，道德观念的式微是长期历史条件和各种客观作用的共同结果。“1976年以前，由于历次政治运动、思想改造运动和学术批判中的‘左’的影响，人们已习惯把传统伦理道德都看作是维护封建统治秩序的旧道德而予以抛弃，从而在全社会形成了一种全盘否定传统道德的氛围。1978年以后，一段时间内，由于自由化思潮的泛滥，民族虚无主义思想甚嚣尘上，全盘西化论再度复活，对传统文化和传统道德，更采取一概否定的态度。”（罗国杰《对传统伦理道德的批判继承问题的思考》）

实际上，自20世纪80年代以来，经过30多年的经济建设和社会文化发展，社会发展的大方向总是沿着改革与发展的道路，具体政策也不断得到适时调整，社会状况总体向好。虽然现在中国的道德状况仍不容乐观，但其原因已不同往日，除了中国社会转型、改革进入深水区、经济高速发展所带来的不可避免的弊端外，全球化趋势所带来的拜金主义、利己主义、享乐主义等西方观念也成了中国道德观念滑坡的重要因素，而这也成了对中国传统文化、中国传统家风的一个重要挑战。所幸，中国传统伦理思想的若干内容已经重新受到关注与重视，这种关注既来自国内，也来自世界各国。只是，今天它所遇到的最大挑战是能不能适应现代社会生活方式，应对现代社会的伦理问题，总之，是它能不能实现自身从内容到形式的现代化。

五、西方价值的冲击

简单地说，“西方价值”是指在西方思想、历史、文化中，能够指导人的思想、行为、认识的观念，例如信念、信仰、理想、规范、标准、正义等具有价值取向的观念，这些观念所构成的理论，就可以称为价值体系。“西方价值”与整个西方文化的历史发展、思想演变有着极深的渊源，如果从其生成的根源、来源来说，所谓“西方价值”正是西方社会历史实践的特有产物。

从起源、演变、发展、成熟的历史角度观之，西方价值体系和西方思想文化发展的历程相仿，大致经历了古希腊时期、中世纪时期、近代和现当代四个阶段。古希腊、古罗马文明是西方文化的起源时期，产生于约公元前800年到公元476年西罗马帝国灭亡，这一时期的思想、文化极为灿烂，主要奠定了西方的理性主义、人本主义、快乐主义、幸福主义、犬儒主义、怀疑主义等许多思想传统，是欧洲文化的精神家园。黑格尔认为：“凡是满足我们精神生活，使精神生活有价值、有光辉的东西，我们知道都是从希腊直接或间接传来的。”（《哲学史讲演录》第1卷）中世纪时期，自公元476年至1453年东罗马帝国灭亡，基督教空前发展，最终成了统治欧洲中世纪社会的意识形态，成为主导的社会价值观念，甚至成为判决人们一切思想、行为的最高价值准则，因此发展出了信仰主义、禁欲主义等和宗教思想密切相关的价值观念。近代欧洲从文艺复兴、宗教改革和启蒙运动，先后发展出新的人文主义和理性主义，以及个人主义、人类中心主义、科学主义、认知主义等重要价值观念，尤其个人主义随着资本主义市场、经济、政治获得巨大成功而大显其道，并由此衍生享乐主义、消费主义、拜金主义等消极思潮，而科学主义及其理性精神则随同殖民行为与坚船利炮征服了全世界。现当代的西方价值发展，一方面呈现出以现代主义、后现代主义等为代表的具有反思、解构与建构为特征的思想，如人类中心主义、理性主义、科学主义等都受到了批评、消解，而不同程度地出现了相对主义和多元主义主张；另一方面也出现了很多要求回归和复兴传统价值观的主张，其中就包括了信仰主义，比如有学者指出："宗教虽然没有强制性，但却具有比法律更为特殊的权威性。它可以从内心深处有效地制约人的行为，影响个人对家庭、社会和公共生活的态度。尽管宗教表面上不能干预法律和行政，也无法左右社会舆论，但宗教通过对个人道德观念的影响事实上在一定程度上主导了社会的风貌。"（潘革平《欧洲以宗教影响社会价值观》）

总体来说，西方价值是一个十分笼统和复杂的概念，"从历史的角度看，它是指西方自古至今的价值观念，包括古希腊罗马的幸福主义价值体系、中世纪以上帝为轴心的价值体系、近代以个体为轴心的价值体系和当代以个性自由发展和整体和谐有序为指向的价值体系。从横向看，它是指西欧各国、美国以及继承西方文化传统的国家所信奉的价值观念。从层次上看，它又包括思想家所主张的价值观念、社会所倡导的价值观念和人们所实际奉行的价值观念。尽管西方价值观念是一个笼统含混的概念，其中包含着历史的、国别的、层次的差异，但由于西方各国的文化都渊源于古希腊和希伯来文化传统，并经历了大致相同的历史发展过程，具有大体相同的经济基础，实行大体相同的社会制度，因而它们在价值观念方面有其共同性”。（江畅、戴茂堂《西方价值观与当代中国》）尽管这一概念在梳理与理解上都比较困难，但应该说西方价值体系是从西方历史文化土壤和社会实践基础上发展而来，是西方人长期生活实践与思想智慧的结晶，同时也是在发现解决自身问题、吸收其他文化内容而不断构建与自身发展需要相适应的理论体系。当然，这不是说西方价值体系是完美无缺的，实际上当代西方也面临思想危机、道德危机、环境危机等大量亟待解决的问题，西方价值观念问题在西方学术界也是一直以来所争论的重要议题。

当我们说西方价值的时候，有一个潜在的预设，即一种与之相对的东方价值或说中华价值。如前所述，中国传统社会的宗法组织形式与家国同构理念已经在汹涌而来的西方政治体制模式冲击之下，有了极大的改变。中国传统的农耕经济在西方工业经济的刺激下，不仅在工业大生产规模经济中份额越来越少，其所禀赋的文化形式、文化传统、文化内涵也逐步失去原有的承载而不断消失或转变。而个体主义实际上正是西方价值体系中的核心观念、理论之一，个体主义在中国的发展主要以个性解放、个人主义、集权主义的面貌出现，其所产生的消极作用，使得中国传统的宗族结构、家庭伦理都受到严重挑战。西方道德观念自从进入中国以来，一度在全盘西化和推崇西方价值的思潮下风行一时，打破了男女、尊卑、长幼等原有的秩序，在赋予中国社会新面貌的同时，也在一定程度上引起社会道德观念和行为的混乱。也就是说，一度辉煌的中华价值在西方价值的面前一再退守自己的防线。

此外，另外一个对中国影响至深的西方观念是理性主义与科学主义。西方进入近代以后，尤其是工业革命之后，资本主义经济迅速发展，科学技术一再出现新的发现、发明，并且制造经济与资本积累的神话，使得人们更加推崇以理性主义为基础的科学技术，加上人类对自然征服而越发膨胀的“人类中心主义”，使得科学的作用被无限夸大，进而形成了科学主义价值观。“科学主义拒斥形而上学及其方法，只重视工具的合理性而忽视对最高价值的追求。科学主义价值观的主要理念：一是只有科学（实证）才是知识，科学（实证）之外无知识；二是所有科学都应当采取自然科学的方法；三是只有科学知识才是有用的、有价值的。”（李磊、文小勇《关于现代西方价值观困境及其出路的思考》）资本主义经济空前发展，使西方观念在全球极度无节制地扩张，争夺海外殖民地，不断以文化“普遍主义”的态度，在殖民地和其他国家推行西方经济发展模式、西方价值观念和生活方式。

当中西方价值观接触时，比如在明朝末年，清朝康熙、乾隆时期，西方价值观念始终是附庸于东方价值观与生活方式之下，并没有产生有力影响，但经过鸦片战争和随后一系列战争的失败之后，中国政府不得不开眼看世界，由曾国藩、李鸿章等人借“洋务运动”大量学习、引进西方科学技术，而经过甲午中日战争之后，政府与民间开始认识到西方坚船利炮的背后实际上有着政治、经济、文化、教育、价值观念等更多内容，所以自清末到新中国成立的很长一段时间，中国在被侵略之后，一直在主动接受西方价值观念的影响，自觉或不自觉地以西方资本主义国家为学习对象、赶超对象，以此改变自身贫穷、落后的面貌。因此，在西方价值观念的输入和冲击下，中国传统文化价值受到冷落，这极大地抑制了中国传统政治、经济、文化、伦理观念，对中国社会造成了几乎无孔不入、无所不及的深重影响。

西方价值观念的负面效应，随着资本主义国家经济萧条、第一次和第二次世界大战与冷战爆发、环境污染等，已经在西方理论界得到充分的讨论，发达国家自身也在不断纠正自身的问题。然而，西方模式影响下的中国，面临着经济发展与环境污染的矛盾、新文化与传统文化的冲突、中国传统文化的没落等诸多问题，其中很多矛盾是在西方价值观念冲击下形成的，在家风文化方面也是如此，比如传统的家庭结构、生育观念、养老传统、家庭伦理发生明显变化。一方面当然是由于中国社会经济发展、结构转变、制度改变带来的结果，而另一方面则是受到西方家庭观念的影响，西方的一些价值观念的确与中国传统家庭伦理有着内在的矛盾。

在全球化时代，各种文化不断交织、共生，闭关自守确不可行，但我们当前仍需清醒地认识西方价值在百年以来给中国带来的巨大影响，重新认识、反省中华传统价值观与西方现代价值观的优缺点，在新的现实环境与思想背景下调整、传承传统家风，这才是面对西方价值冲击的可行之法。

第九章

传统家风的现代化

中国近代以来发生的变化，有“数千年来未有之大变局”等诸多说法，而无论怎样，都可以说，近代中国的变化是中国历史上罕见的。这个罕见，在于中国头一次在政治、经济、文化、军事等各个方面全方位地碰到了一个不同于自己的文明——西方文明。这一文明虽然有其独特性，但是却也代表着人类文明发展的普遍性。因此，中国不得不进行一场自身的改革或革命，以改变自己的基本生存模式，这种生存模式，不仅是国家的，也是社会的、家庭的、个人的。所以从近代以来，中国从科学技术到经济发展，从政治制度到道德价值，从教育模式到语言表达，都发生了巨变。

那么，传统中国的一些因子是否还能在近代以后的中国继续存在呢？如果能，它们又将和近代乃至现代的中国发生怎样的关系呢？这里需要一种特别的眼光和视野，以穿透古今、中西、普遍、特殊的层层迷雾，看到文化发展的实相。张岱年先生的认识，是值得我们学习的。张先生指出，文化有整有分、有常有变、有同有异。这就是说，一个文化固然有其系统性，但是系统中的因素又是可以分析的；一种文化中有其具有普遍恒久价值者，也有只具有一定时空范围内之价值者；不同文化中既有相异的因素，也有相同的因素。由此我们可以发现，传统文化中有其具有恒久普遍价值的因素，它们是中国文化的常道，并不因中国进入近代化、现代化就变得没有意义。家风，就是其中的一个。在现代社会，传统家风不管遭到什么样的挑战，仍具有现实意义和价值。因为家风是关于家庭建设的文化教育因素，所以只要家庭还有存在的意义，家庭还对社会、国家的秩序建构有意义，那么家风就会存在，并且其存在的价值不但不会降低，反而会作为一种社会亟须的能量而不断增强。因而，尽管我们现在进入了所谓的信息时代、微时代、工业4.0时代等，但是家风仍对当代中国和中国人有重要意义。

一、家风与“小家庭时代”

如果说传统社会是一种大家族式的家庭结构的话，那么当今时代的家庭结构则转化为了几口一家的小家庭。这样一种转变，不仅仅是结构和成员的变化，更有功能和意义的变化。这给家庭、家风带来的影响十分巨大，而家风如何能与之调和并继续发挥作用，是一个非常重要的课题。

近代以来，中国社会在政治、经济、文化上发生了翻天覆地的变化，每种变化都对家庭产生了深刻影响。政治上由君主专制转向民主法治，经济上由农业经济转向工商社会，文化上由前近代走入近代和现代。有了民主法治，家庭不再是处理内部矛盾的主要场所，家庭的内部矛盾很多时候都付诸法律的形式解决，这就使得分家析产成了经常性事件，而家庭处理内部矛盾的功能急剧减弱，由此大家族的聚居方式也就难以维持，因为法律的权威代替了长者和礼制的权威。由于工业和商业成为当代社会经济的基础，农业越来越被边缘化，虽然农业仍然作为基础产业，但其产生的经济效益和生产者自身的社会效益都日渐萎缩，尤其是因为工商业向大城市或城镇集中，因而农村日渐凋敝，这令附着在农业合作和自给自足基础上的传统家庭农业劳作难以为继，因而不得不化整为零地进入城市，成为城市建设中的一员，这就使得家庭的功能失去了经济协作、家庭的意义失去了合作互助。而由于文化上的近代化和现代化，西方式的原子主义个人观和各种独立解放思维瓦解了家庭的精神联结，家庭的神圣意义彻底被解构，只遗留下生物性和情感性的存在依据，这就使得大家族再也没有了精神上的联系，甚至小家庭的联系也变得极其微弱，其中最大的体现就是有些人选择不生育，这使得家庭最基本的延续功能和意义也开始消失。面对种种巨变，家庭的功能和意义需要重新被理解、思考和定位，在这种情况下，家风又是否有意义？甚至于，它还可能存在吗？

应当承认，在“小家庭时代”，家风的意义和功能较之农业社会的大家庭来说，确实会下降和减弱，但是，它仍然有其存在的意义，也仍然对现代中国人的生活有切实的作用。为什么呢？理由就在于无论怎样，家庭还在，虽然它结构变了。具体来讲，尽管家庭中老人的权威减弱了，家庭作为经济共同体的意义降低了，家庭每个成员的独立性加强了，但是毕竟家庭还是作为一个最基础的人类生存共同体存在着。也就是说，人类还无法摆脱这样一种生存方式。而这种无法摆脱，也就意味着传统的家风仍然有其可以转化到当代的普遍意义。当然，这种转化，需要认真的思考和不断的实践以及大胆的调适。

因此，我们必须分析小家庭的功能和意义何在，而在这些功能和意义明确之后，我们才能更加清楚地看出家风对它的意义。在过去30年独生子女政策下，中国城镇的家庭以三口之家居多，而农村的人口可能更多些，但是无论怎样，两代直系亲属为一家是当今家庭的主要形态，三代直系亲属一家、四代直系亲属一家以及旁系亲属一家的情况非常少。

这就意味着现代小家庭的常规结构其实非常简单，就是父母和孩子，这也是我们在当代中国最常见到的家庭形态。但是需要注意的是，在这种表象背后，其实隐藏着三代直系亲属家庭的关系。因为与传统中国直系亲属不分家、旁系亲属才分家不同，现代中国的小家庭不少是当第一代父母将第二代的孩子抚养到20多岁，而第二代孩子结婚并生育第三代子女后，第二代和第三代就独立于第一代父母而单独组成家庭，而第一代父母就成为只有一代人的独立家庭。这种形式下，看似分离的两个或者说三个家庭，虽然是各自独立的，但其实有着不可割裂的联系。所以，我们不能忽视这样一种三代之间虽然各自独立但是共存共生的事实。因此，在我们分析现代的小家庭时，必须把这样一个背景充分考虑进去。

由此，我们发现，当代中国的小家庭的主要功能与意义为共同生存支持、人的生命延续、情感与意义支撑。一般来讲，父母要抚养孩子，孩子要赡养父母，夫妻之间要互相帮扶，这在当代中国的小家庭还是具有共识的，所以家庭以共同生存和相互支持为根本。同时，大部分的中国小家庭还是以生育为基本需要的，换句话说，选择不生育的家庭还是极少数，所以人的生命延续仍旧是家庭的基本意义。另外，家庭还是中国人目前获得情感和意义的主要渠道，尽管工作和朋友的地位在现代中国越来越重要，但是不可否认的是，在家庭中具有相应的地位，同时得到家庭成员情感上的慰藉与意义上的肯定，仍是中国人获得自身认同的一个重要基点。因而可以说，这三方面是中国当代小家庭的主要功能与意义。这表明小家庭和传统家庭的差别没有我们表面看起来那么巨大。

但是，如果仔细分析的话，我们发现，这其中的差异还是很大的：现代小家庭实际上割裂开了直系亲属和旁系亲属的关系，甚至消灭了旁系亲属，共同生存支持的范围越来越小，从而使得家庭的抗外冲击能力十分薄弱，而且小家庭自身的能力十分有限，在很多时候无法完全负担起在现代社会生存的压力，很多家庭的最后一根稻草往往不能支撑家庭的重压。同时，独生子女的脆弱性也越来越显现，失独的悲剧一再在中国上演，而独生子女在各方面的不良后果也逐渐出现，这使得国家不得不放开二孩政策，然而目前很多年轻父母并不再想要二孩，因为家庭的生命延续意义并不再被特别认识和理解，孩子的意义在很大程度上变成一种感情的需要，而不再成为一种责任。最后，小家庭的构成实际上使得矛盾缺乏了一定的缓冲和沟通机制，很容易直接爆发冲突，这就使得家庭的情感与意义功能极容易受到冲击而被消解，也就令小家庭较之传统大家族的关系变得十分不稳定。也正因如此，当前的小家庭更多是情感联结而责任联结非常少。可见，实际上家庭的主要功能与意义内在地发生了很大变化，所以在这种情况下，家风的意义与功能必须重新考量。

家风在传统社会给予家庭以传承的价值和延续的意义，这在现代的小家庭还有意义吗？应当说，现代小家庭在传承和延续上的功能与意义下降，确实令家风的意义减弱。但同时，我们也可以发现，现代家庭的脆弱性，其实恰恰需要一种东西来给予它一层保护，而这种保护不可能是法律的，因为法律保护的是个体，而个体往往是在家庭已经无法内部解决其矛盾后才诉诸法律，因而法律其实是对家庭的最终结局给个了断，而无法给予家庭本身以保护。在这个场域中，家风有可能获得新的意义与功能，即更加有利于家庭成员之间的相互支撑与情感支持，这两个方面一个是物质的，一个是情感的，看似与传统精神性的家风相悖，但其实更加需要家风的护持。因为家庭需要一个柔软而有温度，但又有一定力量的精神性的东西来支撑和保护它。当然，这也需要传统的家风进行现代转化，毕竟小家庭的现实与传统大家庭的家风需求非常不同。

在这方面，新加坡的经验值得我们借鉴，根据韩星的《齐家之道及其现代传承》的描述，新加坡家庭委员会在1993年提出了他们认为适应当代社会的五大家庭价值观：亲爱关怀、互敬互重、孝顺尊长、忠诚承诺、和谐沟通，这“爱、敬、孝、忠、和”，简称“五德”。这里面的五条价值实际上正是五条家风，而这五条显然对于小家庭非常实用。爱是家庭成员之间的情感关怀，它正与当今小家庭的基本情况吻合，所以以此为家风的基础而进行强调，正可以进一步加强家庭成员间的情感联系，从而使小家庭更加巩固。敬则是在爱的基础上进行一定的区别，如果说爱是在所有家庭成员间建立一种团结性的基础的话，敬则是对家庭所有成员之个体给予地位，从而在平等的前提下来稳固家庭成员对各自在家庭中地位的肯定。孝则是实现代际间关系稳定的家风，一般来讲，小家庭之间代际的差异与冲突较之此前的传统大家庭日益突出，因而在这种情况下尤其要强调孝，当然这个孝是经过了前面爱和敬之后的孝，所以是建立在平等互爱基础上的有一定条件的孝，而不是无条件的孝，这就保证了孝的可能性与应当性。忠是指家庭成员之间要忠诚，尤其是夫妻应彼此忠诚于对方，正如传统儒家认为夫妻是人伦之始，夫妻之间若没有忠诚，一个家庭就必然要分裂，所以夫妻之间以诚为家风，才能使一个家庭真正稳固。最后，家庭之间难免冲突，但在冲突发生的时候，不应以个人主义局限自己，而应该看到家庭的价值与意义，同时开放心胸进行沟通，和与自己起冲突的家庭成员达成和解，而且因为这是在此前有爱、敬、孝、忠的前提下进行的，所以更容易和解。

因此，把此前所讲的比较庞杂的家风进行一定调整，使之与现代小家庭相适应，我们会发现，传统家风仍然有其重要的作用。就如上面所言的“五德”家风，都是传统的价值观和传统中国家风中的基本元素，首先它们的确具有普遍而永恒的价值，同时它们对现代小家庭来说也确实具有重要的保护作用。因此说，传统家风仍然对当今中国的小家庭有意义，我们的小家庭建设仍然需要传统家风的维持和帮助。

二、家风与法制社会

当今社会是一个法制社会，小家庭的特征与之其实是有相当的联系的，所以家风和法治之间的关系也需要梳理。

应当说，家风与法治是两种不同的处理家庭关系的方式：法治是当家庭纠纷很难调解的时候才介入的，而它的介入，是一种硬性的、基本性的保障，它保障家庭中个体成员的利益不受伤害、维护家庭成员的基本权益，因而是对家庭中个体成员的基本维护。然而需要注意的是，法治的介入在很大程度上会使得家庭关系走向分崩离析，或者只在最基本的层面上维持。因为法治面对的是个体化的个人，而不是家庭，所以它虽然也会通过调解等方式来维护家庭关系，但那并不是其最主要的功能，它最主要的功能还是保护家庭中个体成员的权益。当然，法律的介入一般是家庭纠纷不可调解的时候才会发生的，那么，如何使得家庭尽可能不发生那种不可调解的矛盾，就需要家风的进入和帮助了。前面提到，家风是一种柔软的方法，来缓释家庭的矛盾、使家庭成员间的纠纷可以通过沟通而和谐地解决，进而使得家庭温馨和稳定。所以与法治的硬性、基本保障、以保护个体成员为主不同，家风关注的是柔性的呵护和更高层次的家庭的安宁、以维护家庭整体的和睦为目标。这就是家风和法治的不同。

由此可以看到，如果家风实施得好的话，法治的运用可以被缩减到一个最小和最低必要的范围内，而如果不能以良好的家风来对家庭进行管理和维护的话，法治将被最大可能地运用，而这种运用虽然会更多地保护家庭个体成员的权益，但也可能导致家庭的崩解。这里并不是否定法治，而是认为需要在法治之外给予家庭一次甚至多次重构或重建的机会，那就是使家风在家庭中形成共识而能被家庭成员所遵循。这里面需要重点指出的是当今小家庭的功能与意义，即家庭教育功能。在这一领域中，家风的作用显然比法治的意义要重要得多。以日本为例，日本虽然有比较完备的《教育基本法》，而其中也有对家庭教育的相关规定，但是，望月嵩还是在《家庭教育学的构筑之路》中指出："虽说新《教育基本法》制定了有利于推进家庭教育的政策，但我们不能沉醉于喜悦中而无所作为。要想重新恢复家庭教育的活力，最终实现充实家庭教育的目标，必须确立相应对策。而作为这一对策的根本，是要建立一个能够科学地解释何为家庭教育的学科，即'家庭教育学'。"所谓家庭教育学就是运用尽可能多的因素，在家庭中对家庭成员尤其是青年家庭成员进行教育，而在其中，家风有着绝对不可低估的作用。可见，作为成熟的法治社会的日本，也同样需要家风在家庭建设中起作用。家庭是人类最基本的共同体，它的功能和作用远比我们想象的要丰富和深远得多。

所以，家风对于法治社会的建设其实是具有辅助作用的。家庭作为社会最小的共同体，它的健康与否及其内部教育成功与否，决定了迈向社会的每个个体的综合素质。因此，一个真正优良的法制社会的建设，在很大程度上依赖于家庭和家风。

正如《左传》所说："臣闻爱子，教之以义方，弗纳于邪。骄、奢、淫、佚，所自邪也。四者之来，宠禄过也。"这段话是《左传》中石碏劝谏卫庄公的一段话，这里谈的是到底应当如何关爱和教育自己的孩子，这个故事本身更确切地告诉了我们家风建设和社会建设的关系。根据《左传》记载，卫庄公有两个儿子，一个是后来继承了公位的桓公，一个是爱妾之子，名叫州吁。卫庄公对州吁非常宠爱，这个州吁平常不学习礼法而只喜欢和一群不良子弟舞枪弄棒，卫庄公也不加禁止。石碏看到这个情形觉得很不好，担忧会有恶事发生，于是就进谏庄公说：“要真正爱自己的孩子，并不是无限度地纵容他，而是用良好的教育来让他走正路，否则一味的溺爱只会让他走上邪路，到头来其实是害了他。您现在对州吁宠爱过度，您如果是要因此就立他为太子呢，就请改立下来；如果不是，还请您对他多加约束，让他明白做弟弟和做臣子的道理。否则他在您的宠爱下就会变得越来越骄傲，而一旦您死后桓公继位，他就会受到压制，到时他一定心怀怨恨而犯上作乱，这样咱们的国家就会动荡。您现在对他这种过分的溺爱，实在是违反常理的，所以请您务必改变。”然而庄公听不进石碏的话，溺爱如故。几年后，庄公逝世，桓公继位。在这期间，石碏的儿子石厚一直和州吁非常要好，石碏一再禁止他，他也不听。石碏看到这种情况，感觉到内乱不久就要发生，于是便告老还乡了。结果果然如他所料，不久之后，受不了哥哥限制的州吁果然起兵叛乱，弑杀了自己的哥哥而自己做了国君。但他的统治不得人心，没多久就被有正义感的卫国臣子们征讨，丧失了性命。这一场内乱，让卫国国力大幅削弱。

可见，如果不能很好地教育自己的子女，不能通过家风教育让孩子成为一个遵纪守法、知书达理的人，最终将会给家庭和社会造成巨大的灾害。因此要教育好子女，就应借鉴石碏所说的这句话。一方面，“教之以义方”，用现在的话说，就是用正确的方向引导孩子，让孩子从小就按着道德的、规矩的、遵纪守法的方式生活，而不做恶事。另一方面，就是不溺爱他们，因为溺爱将会导致他们不听话，认为自己才是世界的中心，这样就会变得骄傲放纵，同时也更喜欢骄奢淫逸地享受生活，而不努力生产、自力更生。这样的孩子，到头来不仅不能成长为有用之才，更可能成为社会的敌人，对社会起负面作用。

三、家风与民主平等意识

如前所述，现代小家庭时代出现的一个基本精神性因素就是民主平等意识，即传统大家庭中对长者和礼制权威的承认发生了崩解，每个个体成员都是平等的，处理家庭问题应采取民主方式的意识成为主流。这一转变，是中国由前近代走向近代、现代的一个重要转变。20世纪上半叶的诸多经典文学作品都是围绕这一主体而创作的，如巴金的《家》《春》《秋》等。

对于这一变化，我们首先必须承认，它是具有巨大进步意义和符合时代发展潮流的。因为现代社会的基本要素就是人人平等和民主制度，没有这两个作为基础，一个社会的现代化是难以实现的，而这两者显然不仅是政治性原则，也是人与人之间关系的基本原则，家庭作为人际关系的一个重要方面，当然不能自外于现代化。传统的权威性家庭关系虽然有其可以长期保持和延续的优点，但也确实有对个体造成伤害，尤其是在对女性地位不公的方面。所以，将平等意识和民主制度引入家庭，从而使得家庭进入现代化，是应当的也是必须的，这一点不容置疑。现在有一小批人大肆鼓吹回到旧的家庭模式，强调女性服务家庭，强调家庭中权威的地位，这显然是某种不正常思维，是不能正视现代化的激进保守主义。

人类历史上从来没有尽善尽美的思想和制度，现代化也并不意味着全知全能，因而对于平等意识和民主制度在家庭中的引入，我们也应当进行反思。由此，我们发现一些需要正视的问题。第一，家庭成员中需要平等，但这是人格上的平等，而不是决策和管理上的平等。很简单，父母对于子女的教育，就不是一种平等，而是一种必然不平等的教化。如果在教育层面上要求平等的话，那么不仅家庭中重要的教化功能将要丧失，而且孩子的成长将必然是失败的。因为越来越多的现代科学研究已经表明，家庭对于孩子的教育及影响，要比学校等外在环境大得多。因而家庭中决不能抛弃教育，这就必然要求父母对孩子有一种决策和管理上的不平等。当然，这种不平等并不是对孩子的侵害，而恰恰是因为尊重和爱护，同时，在教育和管理中，父母也需要坚持人格上的平等，即不可以对孩子进行人格上的侵犯和侮辱，如果那样的话，最直接的结果将是无法教育好孩子。因此，我们说，家庭中需要人格的平等，但并不应当在所有事情上都采取决策与管理上的平等。第二，与此相应，家庭的管理模式需要民主，但是不能是一人一票的程序民主，而应当是比之更高一层的协商民主。我们知道，在政治领域中，程序民主是不得已而为之的保证公正的可能方式，但除程序民主外还有协商民主，即通过协商的方式使得政治事情在程序民主基础上再得到一个提升，从而实现程序民主很难实现的一些政治决策和政治协商。在家庭中，协商民主其实更加重要。因为正如此前所说，孩子享有人格平等，但不应享有教育管理上的平等。同样，家庭因为是一个成员相互之间最为熟悉的共同体，因而各个成员之间的差异和优长也特别清楚，在遇到家庭管理出现不同意见的时候，虽然应广泛听取家庭成员的意见，但显然应当通过沟通与协商后发挥最擅长处理相关事宜的家庭成员的能力，使之代理相关事宜而做出最利于家庭发展的决定。而如果在家庭中采取一人一票的民主的话，显然无法对家庭有利，可能会伤害到家庭成员间的关系，尤其是长者的尊严，造成家庭成员间的裂痕。

在以上分析的基础上，我们发现，传统家风有其特殊意义。尽管传统家风看上去更要求权威的作用，但如果我们仔细分析的话，其意义要深刻而隽永得多。《颜氏家训》曾有一段名言："夫风化者，自上而行于下者也，自先而施于后者也。是以父不慈则子不孝，兄不友则弟不恭，夫不义则妇不顺矣。父慈而子逆，兄友而弟傲，夫义而妇陵，则天之凶民，乃刑戮之所摄，非训导之所移也。笞怒废于家，则竖子之过立见；刑罚不中，则民无所措手足。治家之宽猛，亦犹国焉。”这是说，家庭的风化教育，一定是要自上而行，这样下面的才会听取；也一定要前面的人先做到，这样后面的人才会跟从。因此父亲如果不慈爱孩子，那么孩子就不会孝顺；做兄长的如果不爱护弟弟，弟弟也就不会对他恭敬；做丈夫的如果对妻子负心薄幸，那么妻子也就不会顺从于他。倘若父亲已经十分的慈爱了，而孩子还是叛逆不孝；哥哥已经对弟弟十分爱护帮助了，弟弟还是对哥哥傲慢不敬；丈夫已经对妻子情深意切了，妻子还是对丈夫百般凌辱。那么，这就是后者的不对，需要用一些措施来制裁。所以治理一个家庭就像治理国家一样，要宽容和严格的方法共同使用。这貌似是在用权谋治家，其实是道出了治家的大智慧。

传统家风坚持首先用道德教化来感化教育家人，然后再用适当的规定来要求家人，如果不听教育、还违反规定，就要进行惩罚。其中的原则就是既要宽厚又要有威严。宽厚是要让家里温馨，威严则是要家里有规矩。我们现在当然不像古代，男人就是家里绝对的权威、一家之主，而是男女平等了，但这里所说的仍旧有其意义。夫妻双方之间要讲究对爱情的忠诚和对对方的尊重，来让家庭温暖、和睦。任何一方如果违反这两点，就都要受到处罚。否则，家庭将无法维系。而作为父母和孩子，更是要道德教化和规范惩罚并行。家长以身作则让孩子知道应当怎么做，并让他效仿。但孩子毕竟不是天生即有规范的观念，所以会有顽皮捣蛋的时候，若在一定范围内，还可以继续教化，若超过了一定范围，就要通过惩罚的手段来让他知道那是不对的，是必须改的。所以，颜之推的治家理念，具体的措施可能现在都已失效，但其核心的精神，仍是具有指导意义的。

四、家风与自由独立精神

独立之思想，自由之精神，是当代人立身的基源性理念。两者基于人格平等的预设和天赋人权的前提，而这正是现代社会的基本点。所以个体的独立与自由也自然具有了神圣的价值，即使在家庭中，个体的独立与自由也不可伤害。然而，如果只是如此简单的话，家庭对个体还能有什么作用，家风还有什么意义呢？

我们可以先用传统儒家讲述家庭和家风的一段话来说明这个关系。《大学》中有一段话：“所谓齐其家在修其身者，人之其所亲爱而辟焉，之其所贱恶而辟焉，之其所畏敬而辟焉，之其所哀矜而辟焉，之其所敖惰而辟焉。故好而知其恶，恶而知其美者，天下鲜矣！”这段话表面上告诉我们的是，不能用自己的好恶、敬畏、傲慢等偏见来对人，在待人接物的时候精神上要公平公正，态度上要和颜悦色，这样才是一个有修为的君子的样子。换句话说，就是能正确地认识每一个人的优缺点，从而做到正确地对待每一个人。而在这种个人修养的背后，是一种知人的智慧，由这种知人我们就能很好地对待人，由很好地对待人就能使得每个人都有其合理的地位和恰当的待遇，这样我们事实上就做到了很好地协调与他人的关系和用人，也就因此可以做到齐家了。

在传统儒家看来，家庭是我们生活的最小的环境，也是我们生活的基础。一个人如果不能有一个良好的家庭的话，生活就不会幸福，事业也终究会有限制。一个人如果连与身边最亲近的人都无法处理好关系的话，怎么能指望他在社会上处理好各种关系呢？因此，儒家非常重视家庭，中国文化也非常重视家庭。然而，家庭虽然是人人都身处其中的，但家庭关系却是很难处理好的，其中关键就在于我们在家庭生活中带有的偏见，这种偏见主要有两个：一是认为家里人是和自己最亲近的，你们应当是最支持我、理解我的，可为什么常常反对我的想法？二是对家里人有各种想法，比如儿女觉得父母的观念已经过时，父母觉得孩子太不会过日子，丈夫觉得妻子不够体贴，妻子觉得丈夫不能挣钱等，这些想法会让家庭成员缺乏理解。这两种偏见都导致我们处于一种认为家庭成员之间应当最能互相理解但却无法理解的矛盾困境中。

要解决这个矛盾，其关键就在于去除我们的偏见，也就是这段话所说的“辟”。其主要对象包括亲爱的对象（如父母溺爱孩子）、鄙视的对象（如孩子鄙薄父母）、畏惧的对象（如孩子害怕父母）、同情的对象（如因同情而非爱情结合的婚姻双方）、傲慢的对象（如门不当户不对的婚姻双方）。我们在对待这些对象的时候，一定要去除这些偏见，否则就不是以对方为有自由精神、独立意识的对象来对待对方，只会造成对方感受的偏差，结果和自己无法和谐起来。这种偏见的去除，就是修身的意义所在，经过不断地自我修养，我们将可以公正恰当地对待家庭中的成员，使每个成员都感到在家里很舒适，这样的家庭自然就可以做到和谐了。

可见，传统儒家其实并不反对独立与自由，而是非常强调家庭成员的独立性和自由性，只不过这种独立与自由是交互的、相关的，而不是割裂的、个体的。所以有人讲传统中国是一种社群伦理，这是有一定道理的。《大学》这段话告诉我们，传统中国的家庭观和家风，可以对当代家庭成员所要求的独立、自由有积极作用：一方面，肯定个体成员有独立的主体性和自由的权利，但另一方面，这种独立和自由又必须以肯定其他成员也是独立、自由的主体为前提。否则，只强调主体的独立自由，而忽视客体的独立自由，最终只会让双方在无尽的交锋和不能理解沟通中，都丧失掉独立、自由。

另外需要注意的是，传统家风特别指出，在家庭之中，不可因为过于亲爱而失去分寸，这其实是讲在家庭教育中，既要包容和保护个体的独立与自由，同时也不可以不对未成年个体的独立与自由进行限制。《颜氏家训》讲:“父子之严，不可以狎；骨肉之爱，不可以简。”家庭内部的代际要有一定的距离，父母要在孩子面前保有一定的威严，而不可以过分地和他们狎戏亲昵，尽管代际间是骨肉的亲情，但一定要有这种分寸，而不可因为爱而简慢无礼。如果简慢的话，那么就不能尽到父母与子女各自应当尽的责任；如果狎戏的话，那么父母与子女之间就会生出怠慢了。所以自古以来的家庭，都要让父母和子女住在不同的地方，以防止过分的亲昵；而让孩子必须为双亲挠痒揉背、整理床铺以尽孝道，这是防止出现简慢。

我们乍看这条，总会觉得有些不近人情，但仔细想想，却正是恰当的教子之道。因为儿童的成长不仅需要关爱，还需要教育。而只有能进行优良教育的爱，才是真正的爱。因此，对待孩子就不能仅是一味的溺爱，而要有威严、讲礼节。如果我们和孩子过分亲昵，毫无长幼秩序的话，在孩子眼中，我们毫无威严可言，于是他们并不会对家长有所敬畏，对家长的教育也会置之不理。而这只会让他们日后变得无法无天、肆无忌惮，迟早要在社会上吃大亏。因此，我们教育孩子，一定要保持距离，在孩子面前要有尊严，并以礼节来处理两者之间的关系。

我们现在教育子女，最大的问题就是被所谓的自由和独立观念所影响，再加上独生子女带来的客观原因，结果对孩子过分疼爱。而到他们成人后，想再教育他们，反而没有办法了，其原因就在于没有厘清自由、独立在家庭中的真实含义。一方面，要承认家庭每个成员的独立价值和自由权利，但也要知道，这仍旧是需要从人格和管理两个层次来讲的。如果不能将两者区分开来，混淆了人格上的独立自由与教育上的独立自由，那么就无法教育好孩子。因此我们应改变现在的简单的独立、自由理念及其方法，而真正理解家庭中的独立与自由，同时借鉴传统家风中的有益价值，如上引颜之推所说，让孩子在被爱中学会尊重他人和按礼节办事，这需要家长主动拉开和孩子的距离。这样，既能真正让孩子意识到自己是独立自由的个体，同时又能对他进行适度、有分寸的管理与教育。

因此，我们现在进行家庭管理以及教育孩子时，一定要借鉴古人的经验，注意教育和约束的作用。尤其是现在提倡所谓开放式教育、素质教育的时候，更需要让孩子们知道开放、自由、独立、素质这些概念其实是对他们提出了更高的要求，而不是放任，乃是要培养他们具有自由的精神、独立的意识、开放的心态和健全的素质，而这一工作其实在某种意义上比传统家庭教育和家风建设来得更艰巨。

五、家风与网络信息时代

21世纪的今天，人类社会进入了网络信息时代甚至是微时代，在这样一个时代中，信息技术无比发达，人与人之间的联系从现实迈入虚拟，而反过来虚拟又影响了现实。这是最好的时代，因为网络在最大限度上实现了人与人之间的无缝连接，信息的共享和透明在人类历史上达到了前所未有的地步；但这也是最坏的时代，网络管理尚有待完善之处，而人性在这样一种自由中被释放出了最不好的部分。所以在这样一个时代，一切传统之物都需要经过再处理、再审视。而家庭，显然也是如此。

网络信息时代，一方面加深了家庭之间的联系。如前所述，当今中国的小家庭时代不少是第二代、第三代居住一起而与第一代分居，这样，三代人之间的联系其实有一定问题。但近几年来，信息网络的发展使得这种沟通得到了一定程度上的解决。手机随时可以使用，QQ、微信随时可以传输信息，使得三代人之间的沟通基本无碍，这在很大程度上拉近了三代人之间的距离。但另一方面，信息网络又制造了新的鸿沟：一是第一代毕竟年龄较大，有的还居住在较不发达地区，因而对信息技术的掌握和使用都很不熟练，目前尚无法享受信息时代的红利，而且因为第二代、第三代更多地使用信息网络，反而拉开了距离；二是网络信息制造的虚拟空间，在很大程度上反作用于现实空间，结果侵害了现实空间的生活，尤其对于家庭生活来讲，很多时候是不能完全依靠虚拟空间和信息沟通的，家庭成员之间面对面的表情、动作上的交流与沟通所带来的情感满足和意义支撑，远非网络虚拟交流所能比拟，但现代人却过度依赖网络虚拟空间的交流。因此，在网络信息时代，家庭既需要网络信息，但同时又要将之限定在一定范围之内。

而在这种关系中，家风的意义更值得思考。事实上，我们始终需要牢记的一点是，无论时代发展到何时，科技带来多大的变化，人之为人的根本在于人心，所以家风的意义就在于可以端正人心，由改变人心可以改变家庭关系，从而使得家庭更加和睦，进而社会也更加和谐。信息科技时代的改变很重要的一点就是使得社会节奏变得越来越快，而网络虚拟空间又侵占了现实空间，在这种情况下，家庭关系极容易沦为形式。因此，需要家风的建设和教育来使人们重新寻回内心的本然。正如《论语》所载："子游问孝。子曰：'今之孝者，是谓能养。至于犬马，皆能有养；不敬，何以别乎？'"因此孝道中最根本的因素是尊敬。需要指出的是，在真正的儒家看来，顺从并不是孝道，因为父母也不是完人，也会犯错误，如果只是"顺"的话，就会放纵父母的错误，而最终使他们蒙羞，这样反而是做了不孝的事情。真正的孝道，是要对父母正确的方面"三年无改于父之道"，始终加以坚持；而对父母错误的地方，则要"事父母几谏”，指出他们的错误并予以补救。只有做到这样，才是真正的孝敬，因为只有这样，父母才能得到不仅是子女的孝敬，还有社会的尊敬，这才是真正的孝道。而“敬”，就是孝道中最根本的，同时也是我们在信息网络时代所必须着重强调的。因为近现代以来，一系列古典伦理价值被打倒，而与此相关的是父母的形象在很大程度上与落后观念联系起来，人们对父母的敬意达到了历史上的最低点。这实在是一种最大的悲哀，试想一个人，如果连生养他的父母都不去尊敬的话，那么世界上还有什么可让他真正尊敬的呢？而这样的一个人，又怎么可能对他人真诚、对社会有责任感呢？所以，我们现在一定要取法传统，尊敬我们的父母，因为我们的生命、我们现有的成就，从根源上来讲，莫不来源于他们。现在社会上的空巢老人现象，年轻人对父母动辄发号施令，其实都发因于对父母的不敬，而这正是现今时代人们的浅薄和自私所在。想想父母对我们数十年的养育和关心，而我们在自己的生命中是否做到了始终如一地挂念他们呢？思及此，我们真该汗颜，真该好好孝敬父母才是啊！

我们必须承认，虚拟空间、信息技术、工业发展等方面的创新的确会给我们的生活带来巨大的改变，甚至可以说，这种改变将会深刻影响未来的政治、经济、文化等多方面的发展。更加民主的国内政治和更加多元的国际政治将更容易实现，而所有人被卷入其中的全球化经济和科技经济将使人类的生存模式发生重要改变，文化上则将使主流文化与亚文化、大传统与小传统文化间的变化越来越有趣。但是，变化中也有不变的常道，这就是我们说的家庭还在，家庭还需要教育和建设，因此，家风在这个网络信息时代仍旧有其存在的价值。而且，优良的家风可以凭借着网络信息技术更好地实现其功能，甚至可以传播和影响更多人。所以，只要我们能做到始终把人当作人，把科技当作工具，不让科技反过来把人当作工具，那么，始终追求优良生活的我们，自然会认识到家庭的重要，自然会自觉地继承家风、发展家风、弘扬家风。所以，只要我们能常常记起自己是人，那么，我们就可以在这个网络信息时代真正地成为人，而家风也会帮助我们成为更好的人。

总之，虽然时代发生着日新月异的变化，但人既然为人，而非禽兽或草木，便有一些普遍永恒性的规定存在着，家庭如此，家风也如此。因此，在现代化的今天，只要我们对家风的内容和功用等加以调整和改良，它仍然也必然是我们实现良好家庭生活和优良社会秩序的保障。

第十章

面向未来的传统家风

有着几千年悠久文化传承的中国进入近代以来，在与西方文明发生碰撞的过程中遭遇到了前所未有的冲击，由此，自信、自负的中国人开始在彷徨中探索未来的方向。曾经的我们对传统文化有过全面的批判与否定，曾经的我们企图通过全面向西方学习重塑中华民族的未来。而今天，日渐崛起与强大的中国，经济高度发展的中国，越来越感受到传统文化对于中华民族伟大复兴的重要意义，面对当前中国社会存在的道德问题与困境，越来越多的人开始意识到，只有进一步吸收和创造性转化传统文化，才是解决问题的根本之道。传统家风在连接个人、社会与国家时起到重要的纽带作用，呈现出独特的实践价值，因此传统家风的传承和延续，应当成为传统文化再建的首要课题。传统家庭在古代社会中至关重要，家风的影响也涵盖方方面面，其对中国人个体性情的培育，对个体独立人格的塑造，对充满温情而又和谐的家庭关系之维系，对每一个中国人家国意识、民族精神的培育，乃至对子孙后代接续与发扬优秀的传统都有着直接的现实影响。

一、人性温情之滋养

家风在当今乃至未来的最重要作用，就是对家庭成员的人格与能力之养成。我们知道，家庭是社会中最小的共同体，而家庭的元素又是每个家庭成员，因而一方面每个家庭成员都对家庭和家风有着重要影响，另一方面稳固的家庭和良好的家风也会帮助每个家庭成员成长为人格优秀而能力突出的人。所以，尽管现代社会具有原子个人主义的特征，社会对个人的影响也越来越大，但是，毕竟每个人还是都在家庭中成长起来的，父母仍旧是每个人最重要的教师，因此，家风对人的成长有不可估量的意义。

家风对人的影响，主要体现在三组关系、六个方面：一是德与礼，即所谓道德价值与行为规范；二是性与情，即所谓个人性格与人情世故；三是知与行，即对基本生活常识的认知和实践能力。这六者，虽然在学校和社会中也可以部分习得，但家庭是它们的主要养成所在。

德与礼，或者说仁与礼，是传统文化尤其是儒家特别关注的一个问题。从理想状态上讲，仁礼或德礼两者应当如鸟之双翼、车之两轮，是相辅相成的。仁与礼是统一的，仁是内心的道德情感，礼是外在的行为规范。仁是礼的基础、灵魂，礼是仁的体现、落实。没有仁，礼就徒具形式；没有礼，仁就无所依托。比如，孔子认为：礼乐制度只是一个形式、一个外壳，真正重要的内容是人自身，人的情感、人的意志、人的理性，所谓：“礼云礼云，玉帛云乎哉？乐云乐云，钟鼓云乎哉？”（《论语·阳货》）“人而不仁，如礼何？人而不仁，如乐何？”（《论语·八佾》）人如果没有仁的道德作为内在根据的话，礼乐文化就无从谈起，礼乐规范更会只剩个空壳。因此，将仁，即人的内在道德主体性，即首先确立起来，这是优先于礼的。所以，在家风中，首先应当重视对德的养成，而对德的养成，实际上又离不开具体的礼的规范。

性与情，就是在家庭中能通过良好的家风，使家庭成员做到温良恭俭让，对他人又能够以忠恕之道待之。需要指出的是，情虽然是人情，但并不等于私情。一直以来，有一种对传统中国的误解，认为中国人公私不分、内外不明，其实在传统文化尤其是儒家那里，对这两者有清楚的分别。“仁者人也，亲亲为大；义者宜也，尊贤为大。亲亲之杀，尊贤之等，礼所生也。”（《礼记·中庸》）儒家强调以礼为治道，认为只有礼治才能导向社会的和谐与民众的幸福。而礼的根本是“亲亲、尊尊、贤贤”这三条原则，而此三条原则源于仁和义这两个德行。通过仁、义这两个德行的恰当处理，公、私两个领域应当是有机而平衡的，只有这样才能营造良好的社会秩序和生活氛围。但在现实中，却常常出现不当的情况。“厚于仁者薄于义，亲而不尊；厚于义者薄于仁，尊而不亲。”（《礼记·表记》）在公领域，如果仁的原则压倒了义的话，那么就是“亲而不尊”，反之，如果在私领域用义压倒仁的话，则是“尊而不亲”。二者都违反了儒家的基本价值要求。儒家认可的是：“仁，内也。义，外也。礼乐，共也。……门内之治恩弇义，门外之治义斩恩。”（《郭店楚简·六德》）家庭内部矛盾，如舜和瞽叟、象之间的矛盾，就要运用仁、恩的原则来处理。而在公共领域的问题，如舜和四凶的冲突等，就要运用义的规范来解决。所以，在儒家看来，一个人是不应该将公、私领域相混淆的，否则，在公领域“爱亲忘贤，仁而未义也”，在私领域“尊贤遗亲，义而未仁也”（《郭店楚简·唐虞之道》），这两者都是不对的。由上可知，儒家其实对公、私领域有很清晰的认识，并了解各领域所运用的道德原则应当是不同的。

知与行是另外一个非常重要的、需要家风发挥积极作用的方面。我们一般把知识局限在书本上的理论知识，却不知，更重要的是知识的学与用，而这种不明则造成了当下很多个人品格不高和个人能力不完善的问题。事实上，传统文化中的很多信条，是可以对此有积极作用的。比如，朱熹曾经有一个经典论述："论先后，知为先；论轻重，行为重。"朱子的这句话，言简意赅，从两方面表达了知行的基本关系：第一，知先行后。知与行，从时间先后来说，在做事之前总要有严格扎实的认识，否则做事必定做不好，甚至做错。第二，知轻行重。这是说认知最终的落脚点是行动。我们在日常生活经验中，经常会遇到眼高手低、说起来容易做起来难的情况，虽然这表明从根本上来说在认知上没有做好，但更说明从行为上做到更为困难。而明代大儒王阳明则明确提出"知行合一"，他对自己之所以要如此提，曾有说明："今人学问，只因知行分作两件，故有一念发动，虽是不善，然却未曾行，便不去禁止。我今说个知行合一，正要人晓得一念发动处，便即是行了。发动处有不善，就将这不善的念克倒了。须要彻根彻底，不使那一念不善潜伏在胸中。"他宣扬"知行合一"的目的在于让人们明白：人心中某一个念头发动的时候，就已经是行为了。所以人们做修养工夫，需要注意发动处所有的不善念头，一旦有了这样的念头，就要马上克制，这才是彻底的工夫。阳明宣扬"知行合一"是有直接的现实考虑的。在我们的日常生活里，确实对没有付诸行动的坏念头不太注意，而只能控制不做行为上的坏事。比如说腹诽某人，或者迁怒于某人，这些心理活动很多，但少有人能够注意。实际上，这类心理活动对于人格的培养很重要，如果注意克服这些心理活动，心灵就会纯洁、胸怀就会宽广；反之，如果任由这种心理扩张，那么心灵就会枯竭、眼界也就越来越小。也就是说，这些内心起念处的善恶、喜怒、悲哀、恐惧等，对于一个人心胸之广博或狭隘，起着决定性的作用。而且所谓知与行，从心理流程来看，确实是从最细微隐秘的起念开始，然后才是与外界接触而行动。外在的行动大家都看得见，自己也容易注意到，但隐微的起念，却是人人容易忽略的地方。正因为开始而隐微，如果我们能够从这里就开始注意，那么其效果也就是最好的。因此，通过家风的影响，可以使人从小就在最隐微的意念上改变自己、完善自己，从而使自己慢慢地、浸润式地变成一个人格完善而生活能力健全的人。

仔细体味前面的章节，我们可以看到，传统家风对个人品格修养的影响集中表现在以上六个方面。因此可以说，继承传统家风对于个体性情，对于当前乃至未来中国人的核心价值理念具有不可估量的作用。通过弘扬传统家风，将反映时代精神、符合未来社会要求的价值逐步熔铸到每个中国人的内在价值世界，届时，我们将迎来一个充满脉脉温情的和谐社会。

二、和谐家庭之维系

家风，顾名思义是家庭之风，所以家风在当今和未来中国的根本性意义在于对家庭发生影响，即家庭成员间关系和睦，促进家庭和谐美满，这是家风的最重要作用。

如前所述，传统家风具有普遍的适应性，古代众多家规、家训对现代家庭建设有极大的借鉴指导价值，但是，当今中国的小家庭化和家庭面临的诸多挑战，其实需要在继承传统家风的时候进行一定的更新，尤其是要将其中具有普遍永恒价值的部分发挥出来，而去除那些不合时宜的东西。只有这样，家风才能够真正发挥其功用。

以家风中有永恒价值者为例。传统家风其实特别重视对孩子的教育，而其中父母的榜样作用最为重要。明末清初的著名儒者张履祥曾指出："人各欲善其子，而不知自修，惑矣。"就是说每个人都想培育好自己的子女，但却不懂得修养自己品德的重要性，这实在是非常糊涂的。这实际上是强调了父母的榜样对子女的意义，也就是常说的身教。张履祥同时代的学者陆世仪也曾指出，“教子须是以身率先”，即要求子女做到的事，父母一定要先做到，要以身作则，先做出榜样来。父母的典范作用对孩子非常重要，这样的例子历史上数不胜数，明朝的宰相于谦，他的父亲就是文天祥的崇拜者，做什么事情都以文天祥为楷模，受到父亲的影响，于谦从小就敬仰文天祥，并以成为文天祥那样的人为人生理想。最终，他真的成了一位挽狂澜于既倒的英雄。现在社会上很多人一味地要求孩子要刻苦学习，不要看电子产品、玩游戏，结果自己却抱着电子产品看个不停、围着牌桌打个不停，这怎么能让孩子服气，怎么能让孩子安心学习呢？我们看很多生活谈话类节目，都是现在的父母抱怨孩子长大了不孝顺，可是孩子们却振振有词：父母从小就对爷爷奶奶不好，他们这样也是跟父母学的。还有人一看到孩子不听话就粗暴地打骂孩子，可却没想到，这其实恰恰把一种错误的信息传递给了孩子，让孩子也学会了打架和骂人。所以说，我们要教育孩子，首先要教育自己：想让孩子孝顺，自己就得孝顺；想让孩子勤学，自己也得爱读书；想让孩子有礼貌，自己就不能粗鲁。只有以身作则，才能有资格教育孩子。孩子是一张白纸，都是模仿大人，所以只有我们成了一个好的榜样，孩子才能模仿得对，成长得好。

而需要适当予以更新的，则可以这样一个古代家风信条为例，古人言：“积善之家，必有余庆；积不善之家，必有余殃。”（《周易》）这是说，一个积累善事的家庭，就会喜庆连连；而一个积累恶事的家庭，就会祸殃不断。这句话谈的是道德和幸福的关系，但不可否认的是，其中确实有一定因果报应的成分。所以对于这个信条，我们就要予以更新化的处理。一方面，我们要承认其中的积极意义，“积善之家，必有余庆；积不善之家，必有余殃”，就是把道德实践的结果放在整个家庭的维度上来看，所以个人可能并未因道德而带来利好，但这会给他的整个家庭带来善报，比如他的儿子甚至孙子会因为道德的熏陶和影响，自身得到良好的成长，从而最终受益。而且，从现实生活来看，这种因果报应也并非完全没有道理：因为道德的积累会使家庭中人与人为善，对社会有益，这样长久之后获得回报的可能性会更大；而老做恶事的人，短期内未必会受到应有的惩戒，但长久如此会使家庭成员与人为恶、危害社会，到头来免不了遭受到惩罚。因此，我们需要承认这句话具有一定的合理性。另一方面，我们也要认识到这句话包含的因果报应因素，即一个人的道德和他所得结果之间并不一定是德福一致的，这恰恰表明了道德的纯粹性和根本性，而通过因果报应来实现的德福一致，虽然通过来世或者未来保障了道德和幸福的完满，但却会导致道德实践的功利性，最终会对道德造成伤害。所以，类似宗教的因果报应和德福一致思想，如这世的受苦，是因为上世造了孽，而这世的道德，会让下世享福，既包含了一定的虚假成分，其实也并不能真正保证道德的实践。所以，这类家风信条需要重新认识和更新。

通过更新，我们就可以让家风焕发活力，从而使之成为新时代完善和谐家庭的重要因素。正如前文我们所一再指出的，传统家风涉及家庭的方方面面，良好的家风传承是社会风尚健康发展的前提，优良家风不仅是言传更是身教，不仅是道德精神的凝聚和传承，更是道德精神的内化和实践，有着导之以理、动之以情、持之以恒、身体力行多元因素于一体的特点，因此，每个家庭都应继承传统美好的家风，作为家长更应该责无旁贷担当起这一重任，形成家庭的凝聚合力。家庭是社会的基本细胞，家庭的和谐对社会的稳定与发展有着深刻的影响。千千万万个家庭的家风好，子女教育得好，社会风气好才有基础。因此，家风应成为塑造一个家庭的价值观的基础手段，应当作为调整家庭各成员之间利益关系与情感关系的行为规范，以引导家庭成员的行为符合家庭美德的要求。

在这里需要特别指出的一点是，今天的社会是物质相对富足的社会，然而物质的富足并不能带来家庭的和谐快乐，勤俭精神绝不是物质匮乏条件下家庭成员之间的无奈选择，而应当成为每一个家庭的内在精神理念，只有突破简单粗暴的教育方式，吸收传统家风的一些优良品质，平和的家庭氛围才可能形成。也只有在这一风气下，家庭成员之间才能够建构彼此和谐团结的关系，形成和衷共济、和睦相处、同心同德的局面，从而真正把家庭基业不断发扬光大，塑造出“和谐兴家”的良好家庭风气。

三、社会共同体之建构

家风既作用于个体的人，又对社会中的最小共同体——家庭，有重要、积极的建设性作用，因而它对整个社会共同体的建构也能并必然会发挥重要的作用。这一点无论在传统中国，还是当下、未来的中国，都是确定不移的。正如费孝通先生所说，传统中国乡土社会秩序的维持，有很多方面和现代社会秩序的维持是不相同的，乡土社会是个“无法”的社会，但是“无法”并不影响社会的秩序，因为乡土社会是“礼治”的社会，礼俗成为维护社会秩序的手段，社会关系得以紧密联系。

在这一背景下，家风的传承造就了传统中国以家文化为核心的传统伦理，一切社会关系均围绕道德伦理展开，这样一种社会是伦理本位的社会，它构成了中国传统社会共同体的生存之基。对于今天的中国而言，社会面貌发生了翻天覆地的变化，处在转型期的中国如何重塑中华文明，如何面向未来开创属于中国人的美好未来社会图景，需要面对和解决的问题很多，而重新构建和谐美好的社会共同体则是重点之一。当前中国社会表现出的一系列问题：工业化与城市化不同步，社会环境破坏严重，工业资本积累的分散化严重，农民市民化进程缓慢，进城务工的农民工社会保障和子女教育存在问题，当代中国城市社区邻里互动减少，城市居民的社区参与意识不强等。总之，在现代性冲击下，传统社会中以血缘、姻缘和地缘为纽带的社会联系被割裂，充满温情的共同体被陌生感的社会所取代，这使得重建社会共同体已成中国一个现实难题。如何重构中国未来的社会共同体，除了依托现代社会的发展实际外，通过传统家风的现代性重塑，重建符合当下及未来中国社会的社会共同体意识，无疑是我们可以充分依赖的资源之一。

孟子曾说过："老吾老，以及人之老；幼吾幼，以及人之幼。"一个社会中的大部分成员，如果能在赡养自己长辈的同时，也将这种孝敬推及其他与自己没有亲缘关系的老人，如果能在爱护自己小孩的同时，也将这种爱怜推及其他与自己没有血缘关系的小孩，那么，这个社会就可以成为一个秩序优良而和谐的社会。我们知道，孟子的政治哲学是儒家政治哲学的正统，其出发点就是每个人都有的善良本心。孟子说"先王有不忍人之心，斯有不忍人之政矣"，就是说古代的圣王们之所以能治理好国家，并不是靠什么手段、制度，而是靠他们的道德本心。因为他们不忍看到百姓受苦，所以才运用各种治国方略来为百姓服务，让百姓过上好日子，所以治理国家的根本就在于统治者的本心，如齐宣王问孟子：我可以统一天下、成为王者吗？孟子认为可以，为什么呢？孟子说："曾听到您的一个臣子说，有一次您坐在朝堂上，恰逢有人牵着要去被宰杀祭祀用的一头牛经过，这头牛哀鸣不已。您看到这个情况，非常不忍心，就让人把这头牛放了，您能有这个心就能够安抚百姓而成为王者，因为这个时候，您内心本有的仁爱之心活动起来了，这表示您是具有仁爱之心并且能常常显露出来的。所以只要您能把这颗心运用到对待百姓上去，就可以使百姓安居乐业，您也就能使天下归附了。"所以，统治者治理国家、一般人尽职尽责于实现社会的和谐，就在于发用自己的仁爱之心，而其表现就是“老吾老，以及人之老；幼吾幼，以及人之幼”，我要赡养、敬爱我的父母，那么我也要以这颗心对待天下的老年人，让他们也都得到养老送终；我要抚养、关爱我的子女，那么我也要以这颗心对待天下的幼年人，让他们也都得到健康成长。只要能做到这一点，那么实现国家的治理以及社会的和谐，就不是一件难事了。当然，孟子在这里说得有些理想化和简单化，忽视了制度的建设和很多复杂的情况，但是，我们也要承认，如果每个人都能把对待自身家庭成员的良好态度拿出哪怕只有百分之五十来对待社会上的其他人，那么我们实现良序社会的可能性就会大得多。

在一个社会共同体中，统治阶层的重要性也是不言而喻的，统治阶层的建设对形成良好的社会秩序影响极大。所以，传统儒家认为：“所谓平天下在治其国者：上老老而民兴孝，上长长而民兴弟，上恤孤而民不倍，是以君子有絜矩之道也。”（《大学》）要治理好一个国家、使一个社会达至和谐，需要在上位者尊敬老人，如此百姓就会讲求孝道；需要在上位者尊敬长辈，如此百姓就会讲求悌道；需要在上位者体恤孤寡，如此百姓就会不离不弃。儒家把这个道理叫作“絜矩之道”：对自己上级所做的令自己讨厌的事情，就不要用它来对待自己的下级；对自己下级所做的令自己讨厌的事情，就不要用它来对待自己的上级；对自己的前辈所做的令自己讨厌的事情，就不要用它来对待自己的晚辈；对自己的晚辈所做的令自己讨厌的事情，就不要用它来对待自己的前辈；对自己左邻的人所做的令自己讨厌的事情，就不要用它来对待自己右舍的人；对自己右舍的人所做的令自己讨厌的事情，就不要用它来对待自己左邻的人。显然，这是一个具有永恒普遍意义的道理。

中国传统家风传承了中国传统哲学之要义，古代家风、家训涉及社会治理、建构社会共同体的方方面面，其重要观念，则在由家庭出发的

“推己及人”以及“絜矩之道”，这无疑具有普遍的适用性。所以，在社会共同体的建构中，一方面需要普通民众通过良好的家风养成自我，另一方面需要统治阶层能既将自身的家庭构建良好，同时又将之以絜矩之道推广到民众身上。只有如此，一个良好的社会才可能构建起来。

四、家国意识之培育

中国文化是一种家国同构的文化，在文中我们曾多次提到，并对之进行了比较详尽的说明。简单言之，家国同构源自夏代“家天下”的政治现实，是“天下为家”观念的直接体现，是宗法社会的重要特征，也与中国传统社会的自然经济密切相关。孔孟儒家则致力于弱化家国同构的政治色彩，提倡从天子到庶人都“以修身为本”的理念，试图在内在的道德层面证成这种观念，并以此奠定了中国文化的德性精神。比如，《大学》说：“所谓治国必先齐其家者，其家不可教而能教人者，无之。故君子不出家而成教于国。”家庭中的核心德性即为“孝”“悌”，按照《大学》的说法，此两者同样也分别是政治层面“事君”“事长”所应遵从的伦理原则。在面对为何不从政的诘问时，孔子回应说“‘孝乎惟孝，友于兄弟，施于有政。’是亦为政”（《论语·为政》），孝悌被视为另一种意义上的“为政”。可以说，“君子”在家庭中的一举一动、一言一行无不指向或蕴含着某种社会与政治关怀。易言之，家国同构的社会政治模式是儒家文化赖以存在的社会渊源，古人“修身、齐家、治国、平天下”的理想，反映出了“家”与“国”之间的同质性关联。

由此可见，在中国文化中，“家”不仅是“国”的有机组成部分，更共享或体现着治国的基本道德原则。通俗言之，可以说“家”是“国”的基础，“国”是“家”的延伸，国家与家庭、社会和个人，都是同声相应、同气相求的密不可分的有机整体。在这种人文精神与社会理念的影响之下，“天下兴亡，匹夫有责”“家事、国事、天下事，事事关心”成为中国人的普遍心声和诉求。中国文化的治平理念之所以更突出国家与社会整体的利益，更重视集体和强调责任，也正是出于这种家国同构的政治制度。这种理念激励着仁人志士维护国家利益和统一，也能激发起强烈的以爱国主义为核心的团结统一、爱好和平、勤劳勇敢、自强不息的民族精神。在这种意义上，可以说，优良的家风非常有助于培养浓郁而亲切的家国意识、团结而勤勉的民族精神，从而有利于和谐社会的建构以及中国特色政治制度的塑成。

然而，传统的家国同构毕竟摆脱不掉将君、父角色合二为一的基本特征，古代的皇帝既具有至高无上的政治权力，同时又成为天下人必须效忠的“父母”，体现出某种“专制”性。显然，今日之中国已非昨日之中国，随着宗法社会的解体、农耕文化的衰落、个人主义的盛行，这种同构模式的呈现形式也在不断消解的过程中发生了转化。在家庭中，严格的家长制已经是明日黄花，妻子和子女的家庭地位获得极大的提高，享有平等的地位与权利；在社会上，国家元首不再是“溥天之下，莫非王土；率土之滨，莫非王臣”的君主，而是为人民服务的公仆，行使的是人民群众赋予的权力。当今时代，我们显然不应照搬古代的家国观念，而应“取其精华、去其糟粕”，损益其具体形式，承继其根本精神，才能在新的时代精神之下重塑我们的家国意识，并发挥这种家国意识的巨大精神力量。因此，我们必须要注重发扬中国家风文化的正面价值，在家庭教育中融入爱国意识和责任意识，以期塑成“以义为利”的道德情操，培养以大局为重的政治理念，激励精忠爱国的民族气节。唯当如此，才能矫治市场经济所带来的一系列负面影响，比如个人至上、金钱崇拜、道德滑坡、私欲膨胀等。

我们应该如何重新建构中国人在“国”与“家”之间的良性互动？在我们看来，“在家尽孝、为国尽忠”的优良家风必须大加提倡，才能重构以感恩和担当为核心的社会理念。近百年前，孙中山便主张一定要发扬中国的固有道德，其中排在首位的便是“忠孝”，他说“忠”并不意味着“忠于君”，而是“要忠于国，要忠于民”，体现出了对中国传统道德的现代转化。“家”能带给我们一种油然而生的归属感和幸福感，这种意识应该推而扩之——每一个中华儿女都应把自己和家庭的前途命运与国家、民族的前途命运结合起来，觉悟到有国家强盛才有国民尊严，有民族崛起才有人民福祉。当每一个公民都能感受到这个国家给予他的福祉，感受到自己和国家息息相关之后，“我”才可能和这个国家共同成长，国家才能成为我们的归属之地、幸福之源。我们看到，无论是诸葛亮的“鞠躬尽瘁，死而后已”，还是杜甫的“安得广厦千万间”，这种担当精神正是从感恩心态之中油然而生的。正所谓“知责任者，大丈夫之始也；行责任者，大丈夫之终也”，责任和担当，即为家国情怀的精髓之所在，也是新时代背景下的“忠”的要义之所在。在日常生活中，我们既应专注于亲情融洽与自我圆满，也应不忘却民生疾苦、民族兴亡，无论是“埋骨何须桑梓地，人生无处不青山”的壮志豪情，还是“未惜头颅新故国，甘将热血沃中华”的慷慨赴义，常怀爱人之心、常思兴国之道，这正是优秀中华儿女博大的家国情怀的生动写照。

综上所述，家庭是人们精神成长的沃土，家国情怀的起点即在于家风的涵养。只有意识到个人前途与国家命运同频共振，我们才能主动融亲子之情与爱国之情为一体，从而以修身、齐家为开端，以治国、平天下为旨归，把远大理想与个人抱负、家国情怀与人生追求熔铸为一。这既是古人的光辉宏愿，也是今人传承家风和家教的本分与要旨。在传承优良家风中筑牢责任意识和担当精神，在正家风、齐家规中砥砺道德追求和理想抱负，在履行家庭义务中知晓公而忘私的大义，正是家风传承中所蕴藏的时代课题。也就是说，我们应当大力弘扬传统文化、家国情怀中那种强烈的主体意识、担当意识、奉献意识，以构筑现代文明的民主意识、公共意识、全球意识，从而以浓烈的家庭亲情、国之大爱汇入德治、法治的现代社会框架，为实现中华民族伟大复兴而努力奋斗。

五、子孙后代之传承

曾国藩曾有这样的观察：古往今来的官宦人家，大多一二代就享尽荣华了，主要原因是子孙后代很容易骄横跋扈，紧接着就荒淫放荡，最后落得尸横野外的悲惨下场；经商之家，能勤俭持家的，可以延续三四代；耕读传家的，往往谨慎质朴，能延续五六代；孝友传家的，以孝悌为人生准则，可以绵延十代八代。这种现象说明，如果官宦、富贵之人不注重家风的传承与建设，就如《红楼梦》中的贾府，子孙后代往往会好吃懒做、坐吃山空甚至无恶不作，到头来落得个“白茫茫大地真干净”。而那些以耕读或孝友传家的，出于对优良德性的敬重、追求与实践，往往会福祚绵长，此即俗语所谓“忠厚传家久，诗书继世长”。

可见，家风对于家庭的发展和延续是至关重要的，是家庭精神的浓缩和特色所在，更是社会精神文明的细胞，国家繁荣昌盛的基础。家风的好坏不仅关乎一个人、一个家族的命运，也关乎社会风气的淳薄、政治局面的好坏。因此，要倡导社会新风尚，无疑应该从培育每个家庭良好的家风开始。家风正，则源头正；源头正，则民风正；民风正，则政风正；政风正，则社风正。若社会中的家庭家风萎靡、家规颓废，则形成健康向上、积极昂扬的社会风气是不可能的。《了凡四训》说：“有百世之德者，定有百世子孙保之；有十世之德者，定有十世子孙保之；有三世二世之德者，定有三世二世子孙保之。”家族的世代昌盛，除了积德行善别无他法，积德越多，子孙后代就越显达，而这里所谓的“子孙保之”，并非消极意义上的“吃老本”，而是积极意义上的承续与持守。不管中国的传统家风如何优秀，不管我们在口头上如何强调应该重视家风的建设，如果缺乏具体而微的传承与实践，则一切优秀文化、精神文明都将黯然失色、一蹶不振。在此意义上，优良家风在子孙后代中的落实才是重中之重。

家风的形成、发展与传承是建立在家规、家教、家范基础之上的，是祖祖辈辈传承下来的一些为人处事的基本要求，这些生活习惯、人生态度、价值理念都会成为人们判断是非、分辨对错的重要标尺。现在社会出现种种的乱象，其根源就在于家庭教育的缺乏。如果家庭没有优良的家风，父母长辈没有良好的生活习惯、道德品质、人生理想，儿女也就容易受社会污染而随波逐流。中华民族历来重视家风的培育与传承，孟母三迁、孔融让梨、岳母刺字等家教故事，诸葛亮的《诫子书》、颜之推的《颜氏家训》、司马光的《温公家范》等，都体现出中华民族优良家风的深厚积淀，闪烁着先人的智慧光芒，家风即如“润物细无声”之春风春雨，可以通过世代相传的生活方式和风尚塑造人的道德认知、情感、意志、行为，从而提高家庭成员的道德素养、个性品质。

中国古代为我们积淀了丰富的家风文化，革命年代，家风传承同样也是中国共产党人的光荣传统，老一辈无产阶级革命家毛泽东、周恩来、陈云、朱德、邓小平、习仲勋等，不仅在日常的工作中能以身作则、清正为民、勤恳敬业，而且在家庭生活中艰苦朴素、严于律己、勤俭持家，为我们树立了典范。在新的历史时期和新的环境下，从传统家风中挖掘、吸收有价值的内容，按照构建社会主义核心价值观的要求赋予其新的时代内涵，不失为构建中国特色家风的有效途径。那么，面向未来的家风文化建设应该从哪些方面着手，才能真正有效保证子孙后代的顺利传承？首先，善于承续或创造家风，即结合优秀的传统文化或家风传统，创造适合现代实际的家风家教。正如张岱年先生所说：“文化是发展的。文化在发展的历程中必然有变革，而且有飞跃的变革。但是文化不仅是屡屡变革的历程，其发展亦有连续性和累积性。在文化变革之时，新的虽然否定了旧的，而新旧之间仍有一定的连续性。”家风也是如此，我们必须重新梳理并评价传统中国的家风文化，并在此基础之上发展出与古代道德相延续、与现代文明相协调的新家风。其次，正如前文多次指出的，“身教重于言传”，家风的传承并非书本知识的传承或空洞的道德口号，每一个成年人都应该严格根据家风中的道德规范和价值观念行事，这样才能直接展示出勤勉、节俭、公益等品质的动人之处。我们常听到有老人抱怨儿孙不孝，有人抱怨孩子不学好，那么这些人有没有扪心自问：自己对老人尽孝了吗？对子孙有过孝道的教育吗？一味望子成龙、望女成凤，自己是否做到了手不释卷、秉烛夜读？希望子孙出人头地、事业有成，自己是否爱岗敬业、孜孜以求？家风的形成，身教胜于言传，每一代人都是家风的继承与传承者。再次，开展多种多样的教育活动。家风的传承并无一成不变的方法，要根据家庭的特殊性以及子孙后代不同阶段的生理需求、心理特点、接受能力以及接受方式，形式多样、生动活泼地进行家庭教育，寓教于环境、文化、娱乐之中，互相沟通，平等融洽，才能形成良好的互动。

总而言之，家风是一种无言的力量、无声的教诲，是每个人所能接受的最持久、最直接的教育，是滋育教养之肥沃土壤。在东方与西方文化发生接触与碰撞的今天，在传统家风正逐渐流失的今天，我们应该认识到，教育不等同于教养，文化不等同于文明，而通过传统家风方可使教育体现为教养，文化落实为文明，才有真实的价值与意义。

家风没有惊天动地的巨响，它只是如溪流、如春雨，润物无声。

跋

中国文化是以“家”为单位出发的文化。

在传统“修身、齐家、治国、平天下”的纲维下，中国人以“家”为纽带，由家及国，比国治家，安身立命、管理国家、治理天下。家文化几乎主导着中国历史运行的内在逻辑。而家风，因为将极高明的传统哲学观念落实到实践层面，因而成为一个支点，也成为家文化世代传承的一个关键。可以说，在传统社会，家风决定着整个社会的良序运行，与家庭兴衰、民风世情、国风国运休戚相关。

近代以来，中国遭遇了“数千年来未有之大变局”，因之而进行的一场自我改革，使我国各方面发生了根本性的变化；到全面改革开放的今天，经济更是高速发展，国力极大提升，党的十八大后，中国站在了一个崭新的历史起点。然而与此同时，在全球化的影响下，从个体“我”出发的西方文化，也开始在进入“小家庭时代”的中国凸显其负面影响，极端的主体中心，膨胀的个人欲望，导致享乐主义盛行，信仰迷失，道德滑坡，社会冷漠，国民精神状况因此受到较大损伤。

家庭建设问题今天已经成为社会关注的热点，国家也将传统家风的培育放到了一个非常重要的位置，将家庭美德作为社会核心价值观的一项重要内容。习近平总书记在2015年春节团拜会上指出，不论时代发生多大变化，不论生活格局发生多大变化，我们都要重视家庭建设，注重家庭、注重家教、注重家风，紧密结合培育和弘扬社会主义核心价值观，发扬光大中华民族传统家庭美德，促进家庭和睦，促进亲人相亲相爱，促进下一代健康成长，促进老年人老有所养，使千千万万个家庭成为国家发展、民族进步、社会和谐的重要基点。

以此，我们希望取经传统，着眼中国家风，落脚现代家庭，举多人之力，编写此书。在总体设计上，我们在更为宽广的视野中观照个人价值、置放个体位置，针对当前中国家庭的特点及其存在的问题，挖掘几千年来丰富的家风资源，分析传统家风形成的基础和脉络，提炼传统家风的内涵和经典条目，系统展现其核心精神和特点，并思考传统家风在今天面对的问题和现代化方式。我们希望做一本深入浅出、有启发意义、有亲和力的家风读本，准确传达中华家风之谛义，并呼应人们的现实关切，让现代人真切理解其义理及性格特点，进而涵养气质，完善人格，以传统优秀家风塑造现代家庭。

本书是多方力量精诚合作的成果，中国社会科学院研究员李存山主持项目，负责全书的总体设计、内容审核与把关，多名学者共同执笔，广西人民出版社社长卢培钊主持出版工作。具体写作分工如下：序，李存山；引言、第九章，王正；第一章，王玉彬；第二章、第六章，赵金刚、申祖胜；第三章，陈彦杰；第四章、第五章，谷继明；第七章、第八章，牛文澜、胡士颍；第十章，王正、王玉彬、陈彦杰。全书由李存山统稿并最终审定。写作过程中，本书吸收了学界相关研究成果，鉴于本书为普及性通俗读物，有关参考资料和文献未作详细标注。由于写作、编辑时间仓促，加之中华家风文化博大精深，且写作难度较大，因此虽然写作者倾注了较大心力，部分章节数易其稿，但仍存在种种不足，敬请方家批评指正。

家风正，则民风淳；民风淳，则国风清；国风清，则家国兴。希望本书对人们理解、传承中华家风有所助益。

编　者

2015年12月